変化する環境と健康（改訂版）

佐々木 胤則　編著
青井 陽
三宅 晋司
江本 匡
山本 良一　共著

三共出版

改訂にあたって

　初版以来，8年が経ちました。掲載した資料の中には，最新のものに替える必要があり，改訂にあたって多くの図表を改めました。これらのデータの推移をみる限り好ましい方向に進んでいないことに気づかされます。特に，温室効果ガスである二酸化炭素は，確実に増加し，世界的に数十年に一度という異常気象が多発しています。

　歴史から消滅した社会，「文明崩壊」には，環境破壊が深く関与していることを明確にしたジャレッド・ダイヤモンドは，現代文明における12の環境・人口問題として，① 自然破壊，② 地球温暖化，③ 種の多様性喪失，④ 土壌浸食，⑤ 化石燃料の枯渇，⑥ 水不足・異常気象，⑦ 人口の急増，⑧ 化学物質汚染，⑨ 外来種による在来種の被害，⑩ 漁業資源の枯渇，⑪ 光合成で得られるエネルギーの限界，⑫ 一人あたり消費エネルギーの増加，を取り上げその一つでも対策に失敗すれば，50年以内に現代の文明全体が崩壊の危機に陥るでしょうと指摘しています。

　これらのどれをとっても対策は容易ではありません。一方，世界に目を転ずれば，文明衝突に近い紛争が多発しています。健康志向で未来を考えるならば，一つ一つ解決するしか道はありません。本書がその一助となることを願っています。

　また，近年，新型インフルエンザの流行があり，文明病とされるアレルギーは増加の一途をたどっています。2011年には，東日本大震災が発生し岩手，宮城，福島の沿岸部は甚大な被害を受けました。地震と津波によって福島第一原子力発電所では重大な事故が起き，大量の放射性物質によって広い地域が汚染されました。今回の改訂では，これらを理解するための基礎的事項を増補しました。

　最後に，本書の出版にご尽力をいただくも病で他界された石山慎二さんのご冥福をこころからお祈りいたします。

2016年1月

著者代表　佐々木胤則

はじめに

　本書を手に取っていただき，ありがとうございます。本書は，環境問題と健康問題は本質的に同じであるという趣旨に基づいてまとめられています。公衆衛生の立場から「環境と健康」を主題とした成書がしばしば出され，いずれも優れたものですが，本書では，環境と人を含めた生物は相互依存の関係にありながら時間と共に常に変化し，想定外の健康問題を引き起こしてきているという点を重視しています。グローバリゼーションに伴う感染症や貧困の拡大，豊かな社会で増加するがんや生活習慣病，高度情報化社会に伴うメンタルストレスの増加，便利で快適な生活と裏腹に進行する地球の温暖化やアレルギーの増大などは，予想されていたとしても現実に生活と生命を脅かすものとしては予期されていませんでした。

　とりわけ地球温暖化の進行は実感されるものとなり，もたらされる影響の大きさも種々の立場から指摘され，裏付ける兆候が世界各地から報告されています。持続可能な発展は，消費エネルギーを大幅に減らしながら模索して行かなくてはいけません。地球の温暖化については，懐疑的見方も少なくありませんが，本末「待ったなしの地球温暖化対策」の項で，一応の結論が出されたものと思われます。快く共著者として加わってくださった山本良一先生に感謝します。

　今日の問題は，環境の変化に伴って必要とされる発想や対応の転換が遅れて，対策を複雑にしているように見えます。環境の変化とそれに伴う影響の認識不足や警告の過小評価が要因とされますが，気づいたらすみやかに行動するという規範が求められます。本書では，不十分ながら問題に対する対応や対策について言及しています。ご意見やさらなる提言をいただければ幸いです。

　本書の作成にあたっては，多くの著書，論文，インターネット上のさまざまな意見を参考にさせていただきました。参考とさせていただいた著者方々に深く感謝すると共に，企画の段階から助言，協力をいただいた三共出版の皆様に深く感謝致します。

2007 年 9 月

著者代表　佐々木胤則

目　次

総論　「環境と健康」について

1　健康のとらえ方
1.1　健康観と健康の水準 …………………………………………………… 2
1.2　疾病対策から健康志向へ ……………………………………………… 3
1.3　健康の構造とヘルスプロモーション ………………………………… 3

2　「環境と健康」に関する近年の動向
2.1　尽きることのない感染症との戦い …………………………………… 6
2.2　忍び寄る生活習慣病 …………………………………………………… 9
2.3　環境の変化による健康被害 …………………………………………… 13
2.4　ストレス社会とメンタルヘルスケア ………………………………… 17
2.5　健康福祉体制の再構築 ………………………………………………… 19

環境と人の相互関係

3　環境刺激に対する調節と適応
3.1　調節の局面 ……………………………………………………………… 24
3.2　調節と適応 ……………………………………………………………… 25
3.3　調節・適応の負の作用 ………………………………………………… 29
3.4　調節・適応とストレス刺激 …………………………………………… 31
3.5　ストレス対処と心の健康 ……………………………………………… 33

4　水，空気と健康問題
4.1　水の利用と健康 ………………………………………………………… 36
4.2　大気の保全と健康 ……………………………………………………… 42

5　リスク評価とリスクマネジメント
5.1　日常生活におけるリスク ……………………………………………… 50
5.2　環境汚染のリスク ……………………………………………………… 51
5.3　安全管理の手法 ………………………………………………………… 54
5.4　リスクアセスメントにおける影響把握 ……………………………… 55
5.5　研究・リスクアセスメントに基づく対策 …………………………… 56

環境の変化と感染症の拡大

6 生体防御と免疫システム
- 6.1 生体の非特異的な防御機構 …… 59
- 6.2 免疫システム（特異的生体防御）の発見 …… 60
- 6.3 有害微生物との戦い …… 61
- 6.4 免疫の獲得をめぐるシステムの役割 …… 62

7 人と動物の共通感染症と新興感染症
- 7.1 新興感染症と日本の対応 …… 68
- 7.2 今までに知られた新興感染症 …… 69
- 7.3 新興感染症の拡大 …… 69
- 7.4 日本国内に潜む危険 …… 72
- 7.5 日本と世界 …… 72
- 7.6 拡大する新興感染症 …… 73

生活環境の変化とからだの反応

8 放射線の環境拡散と健康影響
- 8.1 自然放射線と人為的放射線 …… 89
- 8.2 放射線の生体影響 …… 92
- 8.3 環境に放出された放射性物質の管理 …… 96

9 アレルギー性疾患の増加とその背景
- 9.1 アレルギーに関する基礎的事項 …… 100
- 9.2 アトピー素因とアレルギー発症のメカニズム …… 101
- 9.3 さまざまなアレルギー …… 103

10 からだのリズムと健康，生活習慣病
- 10.1 からだのリズムと生体リズム …… 108
- 10.2 私たちは3つの時計で動いている …… 109
- 10.3 食事に合わせてからだの代謝リズムは調整される …… 109
- 10.4 生体リズムの獲得・学習と生活習慣病 …… 111
- 10.5 生活習慣と身体のリズムは相互に関連している …… 112
- 10.6 ストレス感：リズムの乱れを知らせる信号 …… 113

社会環境の変化とメンタルヘルス

11　環境におけるポジティブファクターと癒し
- 11.1　快適の考え方 …… 115
- 11.2　植物と癒しの関係 …… 116
- 11.3　職場の観葉植物 …… 118
- 11.4　植物や風景写真の効果 …… 120
- 11.5　植物の空気浄化作用 …… 121
- 11.6　バイオフィリアと自然心理生理学 …… 123

12　情報社会におけるコンピュータの利活用と健康
- 12.1　VDTワークにおける身体影響とその対策 …… 127
- 12.2　コンピュータとメンタルヘルス …… 129
- 12.3　テクノ疎外と端末依存 …… 131
- 12.4　ユビキタス社会と健康課題 …… 131

環境と健康を守る取り組み

13　予防原則から考える環境と健康
- 13.1　「環境と健康」の把握 …… 135
- 13.2　「環境と健康」のリスク管理 …… 137
- 13.3　予防原則について …… 138
- 13.4　予防原則で「環境と健康」を守る取り組み …… 141
- 13.5　持続可能な「環境と健康」へ …… 142

14　待ったなしの地球温暖化対策
- 14.1　最良の科学的知見に基づく地球温暖化論の検証 …… 144
- 14.2　IPCC第4次評価報告書が示した結論 …… 145
- 14.3　大気中に蓄積し続ける二酸化炭素 …… 146
- 14.4　すでに始まっている温暖化 …… 147
- 14.5　待ったなしの温暖化対策 …… 148

資　料　1　水道水の水質基準 …… 151
資　料　2　大気汚染に係る環境基準 …… 154
索　　引 …… 155

総　論
「環境と健康」について

1　健康のとらえ方

　人は自然環境や社会環境の中で生を受け，家族・コミュニティーの庇護の下で成長しながら自立的に生きることを命題とされます。また，成熟した社会において「健康」は幸せに生きる基盤として認識されてきています。図1-1のように「環境」と人の「健康」は，相互依存の関係にありながら，社会環境は常に変化し，人の活動が地球温暖化に象徴されるように自然環境をも変え，つきることのない「環境問題」，「健康問題」が引き起こされてきています。

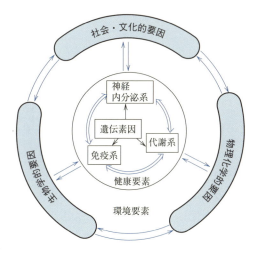

図1-1　人と環境の相互関係

　「健康とは？」と尋ねると多くの人は，少し考えて「病気でないこと」と答えます。しかし，病気を患っているからといって，必ずしも健康ではないとはいえません。重い腎臓

病を患って，腎臓がその機能を失なった場合，定期的に腎透析を受けなくてはいけませんが，仕事を持ち，通常の社会生活を営んでいる人たちは少なくありません。障害または病気を患うというハンディを背負いながらも自立心を失うことなく，残された機能をフルに活用して生活を営んでいる人を不健康とみなすことはできません。

1.1 健康観と健康の水準

健康という言葉のとらえ方は，時代ともに変化し，人によっても異なりますが，大きく4つに分けることができます。さらに，それらを包括したヘルスプロモーションという概念が提唱されています。また，国際的な健康水準として，生命が危険にさらされていないかという「生存のレベル」，健康が守られて保護されているかという「保護のレベル」，到達可能な最高水準の健康が保障されているかという「到達のレベル」が提示されています。

健康観については，とらえ方によって健康問題に対する対処の方向も規定されます。健康に対する考え方を整理し，それらがどのように展開されて，どのような意味を内包しているのか，理解しておく必要があります。

（1） 抗病主義的とらえ方

健康に相反するものとして病気をとらえ，病気にならないことを健康とするものです。病気を克服することが第一の目的として近代医学が発展してきた経緯もあり，広く浸透したとらえ方です。多くの人は病気から死に至るということから医学書では，健康の反意として病気や死に陥るという説明が少なくありません。病気を患っていても充実した生活を送っている人を不健康と見なすことはできません。病気を中心とした考えは，健康の範囲を限定し，消極的にとらえる傾向があります。

（2） 体力主義的とらえ方

たくましい身体，強健な体力を健康のシンボルとするものです。様々な競技スポーツで頂点に立つ選手が想像されますが，能力の限界まで鍛える選手は，故障との隣り合わせにいます。日本においては，「保健」の教科は体育を専攻し，運動クラブを指導してきた教員に，体を鍛えることと一緒に教えられてきています。ややもすると，身体面とそれを鍛える精神主義に陥りやすい傾向があります。また，いかに強健な体力の持ち主でも，HIVに感染しないということはありません。

（3） 環境主義的とらえ方

生物は環境に適応しながら進化し，生存競争に勝ったものが生き残ってきたとされ，環境に対する適応能力を健康の第一義と考えるものです。同時に，生命や健康を脅かす環境因子は可能なかぎり排除していくという傾向があります。生活環境の整備によって伝染病とされた感染症は激減しましたが，メタボリックシンドロームやアレルギーが増加しています。脳は，社会環境の急激な変化に対応できても，ほ乳類として環境に適応してきたからだは，不適応を起こす場合もあります。調節や適応には多様性があり，認識されていな

いことがらが無数にあります。

（3） 主体主義的とらえ方

健康に関する様々な情報を入手し、自分の素質・体質などを考慮しつつ、健康に適した自主的生活行動を模索する能力を身につけることを大切にします。健康に関心を持ち、日常生活で主体的に実践していくことを重視しますが、健康ブームの中で、健康に生きること（基盤）が目的とされたり、誤った情報に惑わされたりする傾向があります。また、予測できなかった健康からの逸脱を自己責任ととらえる傾向も強くなります。

1.2　疾病対策から健康志向へ

健康に対する先導的な取り組みは、世界保健機関（World Health Organization；WHO）が行ってきました。WHOは、数十年前に「健康とは身体的、心理的、社会的に完全に良好な状態であり、単に病気や虚弱でないということではない。到達しうる最高水準の健康を享受することは、人種や宗教、政治的信条、経済的あるいは社会的地位にかかわりなく、すべての人々が保有する基本的権利である。」と提唱・宣言しています。

第二次世界大戦後、WHOがその全力を注いできた事業は、まず医師の養成と医療機関の配置によるメディカル・ケア（Medical care）の充実でした。次に、アルマ・アタ宣言に代表されるヘルス・ケア（Health care）活動が推進され、その活動は社会的事業へと変貌しました。初期的なヘルス・ケア活動は、今も重要な医療・保健活動の柱となっていますが、経済的な発展を基盤とした諸国では、肥満、喫煙習慣、ストレス過多など健康に対して危険性の高い、ハイ・リスク・グループを対象とした防止活動（Risk reduction）が効果的な医療・予防活動とされました。

主要国の病気による死因が、伝染病や結核に代表される感染症から、がんや脳血管疾患、心血管疾患に代表される生活習慣病（非感染性疾患）へと、その内容が大きく変化する中で、1986年、カナダの首都オタワで、WHO主催による第一回国際健康増進会議（First International Conference on Health Promotion）が開催されました。

このオタワ会議では、先進工業国における健康問題について、地域社会を構成するすべての人々が現在の健康状態をより高めることが、医学・医療および保健活動にとって最も重要であることを宣言（オタワ憲章）しました。会議では、環境の保全、生活様式（ライフスタイル）の変更を促すような広い意味の健康教育の方法や制度、ならびに促進するための社会環境の整備が議論され、ヘルスプロモーション活動が提唱されました。ヘルスプロモーションは、包括的健康観を柱として健康状態を高める方向性を示した活動で、基礎的概念は湯浅らによって表1-1のように7つに要約されています。

1.3　健康の構造とヘルスプロモーション

健康は自然環境の保全から政治、経済、社会、文化、教育、福祉などすべての生活部面に連関し、図1-2のように、その状態を高めるために人々はあらゆる場面で自律的、か

表 1-1　ヘルスプロモーションの基礎的概念

①包括的健康観	医学・公衆衛生から健康を解放し，健全な環境，社会と関連づけた。
②健康に対する自律的統制	ヘルスプロモーションは自律的統制を発現する主要なプロセスと考える。
③公的責任と自己責任の調和	公的責任の担保，充実を求めながら自分の健康は自分で守る。
④他者との脱比較論	他者との比較ではなく，科学的基準で健康を評価する。
⑤目的指向とポジティブ指向	健康は生活を豊かにする資源として積極的にとらえていく。
⑥能動的依存のすすめ	能動的に助けを求める他者への依存は自律的統制と矛盾しない。
⑦非役割的参加の包容	社会的役割を担わない参加も自律的統制の一形態ととらえる。

(湯浅らによる)

つ協調的に関わって行く必要があるとしています。日本においては，日本国憲法第 25 条で「全て国民は，健康で文化的な最低限度の生活を営む権利を有する。国は，すべての生活部面について，社会福祉，社会保障及び公衆衛生の向上及び増進に努めなければならない。」として，70 年前に健康の自己責任を担保する公的責任に言及しています。

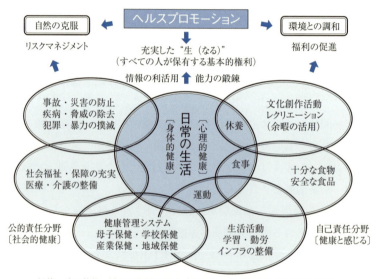

図 1-2　日常生活とヘルスプロモーション

　社会環境の急激な変化と高度情報化が進行する一方で，地球の温暖化が，生活習慣病のように生存の基盤となる自然環境をむしばんでいます。環境問題は，健康問題でもあるという視点から実態を把握するとともにヘルスプロモーションの概念，方向性に基づいて課題に対応していくことが有効な対策となります。

参考図書・文献

1) NCD（非感染性疾患）対策：公衆衛生，医学書院，Vol.73，No.5（2014）
2) 朝山正己他：健康管理概論，東京教学社（2011）
3) 湯浅資之他：ヘルスプロモーションの基礎的概念に関する考察，日本公衛誌，Vol.53，No.1（2006）
4) 池永満生・野村大成・森本兼曩編：環境と健康Ⅱ，へるす出版（1998）

5）森本兼曩・星　旦二：生活習慣と健康，HBJ 出版局（1989）
6）小泉　明・岡田　晃・田中恒男編：環境科学，南江堂（1975）

2 「環境と健康」に関する近年の動向

　世界の国々は，拡大する経済のグローバル化，IT・通信革命，経験したことのない気候変動など，急激に変化する環境の中で，人々の生活と健康を守る一層の取り組みを求められています。競争原理を広く取り入れた国々では，社会のあらゆる部面で格差が顕在化し，経営と雇用・労働のあり方，科学技術と自然の共存，教育や保健・医療制度の見直しをせまられています。また，少子化と高齢化社会の進行は，潜在的な将来不安を拡大しています。豊かな社会は，働く人たちのたゆみない努力によって築かれながらも，化石燃料を中心としたエネルギーの大量消費と森林の破壊（同時に砂漠化）によって成り立ち，地球の温暖化と異常気象の多発を招来させています。

　こうした中で，新たな感染症の出現，好ましくない生活習慣による代謝疾患の増大，環境汚染による健康障害，メンタルストレスの増大など健康問題は多岐にわたっています。これらの対応には，ヘルスプロモーションの理念に基づく計画的対策と自らの健康観を大事にした一人ひとりの相互依存に基づく取り組みが重要になってきます。一方，発展途上国とされる国々も生活水準が向上し，現在の先進国と同じ健康問題を抱えることが予想されています。世界や地域の環境問題と健康問題は密接にリンクしています。世界的な視野で健康・保健動向を観察し，問題の本質を的確に把握して解決に取り組む必要があります。このためには，人々が生活感覚で健康を理解し，行動できる適切な情報支援システムの確立も不可欠となります。

　本章では，「環境と健康」にかかわる近年の動向を感染症の状況，生活習慣病の増加，地球温暖化と環境破壊，増大するストレス，健康福祉体制の整備という5つの分野に分け，いくつかの例について，状況，背景を簡潔に整理し，対応の方向を探ります。

2.1　尽きることのない感染症との戦い

　生活環境の改善により，伝染病といわれた多くの感染症は大流行することがなくなりました。しかし，エボラ出血熱や病原性大腸菌O157，狂牛病の病原体とされるプリオンの出現，過去の病気とされた結核の再登場，世界的に蔓延するHIV（ヒト免疫不全ウイルス）感染とAIDSによる死亡など，病原微生物との戦いは尽きることがありません。地球の温暖化や活発な交易によって新たな感染症が出現したり，マラリヤを媒介する蚊の生息地域が広がったりするなどの心配もあります。細菌の特効薬とされる抗生物質に対する耐性菌が増え，薬の効かない状態が広がっています。本項では，近年話題になっているいくつかの感染症とその状況を紹介します。

2 「環境と健康」に関する近年の動向

（1） 最も深刻な HIV／AIDS

　現在，世界で最も深刻な感染症は，HIV 感染と AIDS です。2011 年末現在，HIV の感染者は 3,400 万人，新規感染者は 250 万人，AIDS による死亡者は 170 万人と国連エイズ計画（UNAIDS）が発表しています（図 2-1）。アフリカでは 1 時間に 200 人がこの病気で死亡していると報告されています。特に，南部アフリカ諸国での流行は，衰えを見せず，労働人口の減少，AIDS 孤児の急増が深刻な社会問題になっています。

　多くの国で，根元的な性と道徳的な性，商品化された性が混在する中で性感染症が，感染を広げています。日本では，性器クラミジア感染症が隠れた国民病として流行し，その陰で AIDS が秘かに，確実に増加しています。

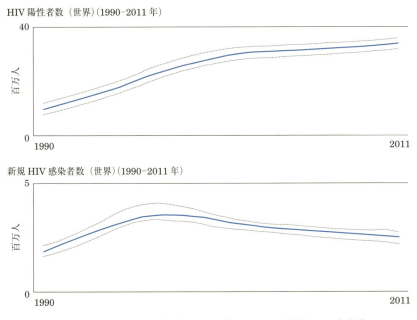

図 2-1　世界の HIV の動向（UNAIDS「世界のエイズ流行 2012 年版」）

　AIDS は，子孫を残すという男女における性行動の営みと共存する代表的な性感染症（STD）の 1 つです。性交という行動には，有害な細菌やウイルスを共有するというリスクを常に伴い，伝統的な社会規範には STD 感染のリスクを回避する内容が含まれています。したがって，AIDS は歴史的に病気を持たない第 3 者又はコミュニティーが，病気で苦しみ，本来，保護・ケアされるべき有病者の人格を傷つけてきたという様々な病気の中で，最も対応の難しい病気の 1 つです。

　発展途上国における AIDS の流行は，貧困と強く結びついています。AIDS は，『すべての人は健康に過ごす権利を有している』というベースを見失ったとき，偏見と差別を最も受けやすい病気となります。最大多数の最大幸福は，少数の弱い立場の人たちの人格を気づかずに侵害していることがあります。AIDS に関わる課題を認識・理解することは，人と社会の健全な関係，健康な社会を模索することに繋がります。

（2） 新型インフルエンザ

一般に，インフルエンザにかかると38℃以上の急な発熱，頭痛，関節痛，倦怠感などの全身症状が強くあらわれ，鼻水，咳，のどの痛みなどの症状もみられますが，一週間程度で回復して免疫を獲得します。新型インフルエンザは，季節的に流行してきたインフルエンザとは違った変異ウイルスによるインフルエンザです。インフルエンザウイルスは感染力が強く，変異ウイルスには免疫ができていないため，強毒性を有する場合は，大きな健康被害と社会的影響をもたらします。季節性のインフルエンザとして，2つのA型インフルエンザ（香港A型，ソ連A型）とB型インフルエンザの3つのタイプが，主に冬場に流行していました。2009年に新型とされるインフルエンザが流行し，世界中に広がりました。当初の予想より毒性は強くありませんでしたが，この新型インフルエンザは夏場にも流行しました。

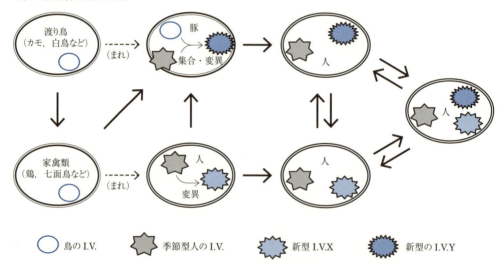

図2-2 新型インフルエンザの発生と伝播・感染

自然界においてインフルエンザの原因となるウイルスは，人を含むほ乳類や鳥類に分布していますが，アヒルやカモなどの水鳥や渡り鳥の多くには症状が出ません。それが家禽類（ニワトリや七面鳥など）に感染し，人と鶏の両方のウイルスに感染する豚の体内で集合・変異したり，季節型のウイルスが人の体内で変異したりして新型が発生します。

新型インフルエンザはいつ発生するのか，その予測ができないばかりか，感染力や病毒性も予測できないのが実情です。ほ乳類の持つ生体防御システムである免疫力には個体差があります。いったん新型インフルエンザが発生すれば，急速な感染拡大を警戒しなければなりません。ウイルスに国境はなく，都市化・グローバル化によって，短期間で地球全体に拡大する可能性もあります。（詳細は第7章）

（3） 再来した結核（再興感染症）

日本において結核は，かつて不治の病とされ1940年代では，死亡原因の第1位を占めていました。その後，国民の栄養状態や生活水準の向上，医療関係者の努力により，急激

に減少しましたが，根絶されたわけではありません。2013年に約20,000人の新規結核患者が発生し，約2,000人が結核に関連して死亡したという報告がなされました。日本での感染症による死亡原因としては肺炎につぐ疾患になっています。WHO（世界保健機関）は，1993年に結核の非常事態宣言を発表し，加盟各国に結核対策の強化を求めていましたが，日本においても，これまで減少を続けてきた新規発生結核患者数が増加に転じたことをきっかけに厚生労働省は1999年に『結核非常事態宣言』を出しました。

今日，結核は再興感染症として警戒され，特に老人と若年者に注意が呼びかけられています。若年者の感染は，BCGによる予防接種で獲得した人工免疫の失効，老人の感染は体力低下による休眠状態結核菌の再活動が疑われ，医療機関や老人関係施設などにおける集団感染は，院内感染と多剤耐性結核菌のまん延が要因としてあげられています。また，バランスを欠いた過度のダイエットやインスタントに偏った食事による潜在的な栄養不良の若者が増えていることも原因の1つとされています。

結核は過去の病気でなく，極めて現代的な病気として再登場したといえます。

（4） 増加する抗生剤耐性菌

院内感染の主要な原因となっているMRSA（メチシリン耐性黄色ブドウ球菌）やVRE（バンコマイシン耐性腸球菌）などが耐性菌として，以前から知られています。これに「第3の耐性菌」としてアシネトバクター（多剤耐性緑膿菌）が出現しました。この耐性細は，1991年に米ニューヨークの病院で，大規模な院内感染を起こしたのをはじめとして，英国，ブラジル，シンガポールなど世界中で報告されて問題になってきました。多剤耐性菌は，抗生物質の切り札（多くの細菌に有効）とされる抗菌薬カルバペネムも効かないことが特徴となっています。多剤耐性菌による罹患は，医原病ともされ，多くは病院内で感染します。患者や患者の治療にあたる職員の衛生上の不注意，設備や用具が十分に殺菌，消毒されなかったりすると，容易に感染します。アメリカ合衆国のCDC報告（2011年）によると，年間約65万人が院内で感染し，院内感染がきっかけとなって死亡する例は年間75,000人近くにのぼっていると見積もられ，毎日200人の入院患者が医療関連感染で死亡しています。

多剤耐性菌といっても多くの人は心配する必要がありません。感染力は弱く，感染しても多くの人は自分の免疫力で排除することができます。しかし，入院して抵抗力が弱っている患者や高齢者，治療薬として免疫抑制剤を服用している患者では，医療従事者の手指などから容易に感染し，敗血症や肺炎，MRSA腸炎などの重い病気を引き起こして，生命を危険にさらすこともあります。抗生物質の乱用が多剤耐性菌の増加をもたらしているのも事実です。切り札的な薬が効かない多剤耐性菌の増加は，高齢化社会の脅威となります。抗生剤，特にカルバペネムの徹底した慎重使用が求められます。

2.2 忍び寄る生活習慣病（NCD：非感染性疾患）

近代化，クリーンな生活環境の実現，医療技術の進歩とともに赤痢や結核などの感染症

が激減した反面，がんや循環器疾患，糖尿病などの生活習慣病が増大しています。いわゆる疾病構造が変化し，数十年で病気の主役が交代しました。生活習慣病は，高齢化，飽食と運動不足による肥満，生活活動時間の広範化によるリズム障害，ストレス対処法の未熟などライフスタイルと生活環境に起因する疾病とされ，複数の因子が経過する時間の中で複雑に影響を及ぼして生じる病態です。慢性的な生活習慣病は現在の発展途上国においても主要な疾病となることが予想されています。症状が自覚されたときには，重症状態に進行し，病因は確率論的な推定しかできない，という特徴を持っています。本項では，代表的な生活習慣病の状況と環境とのかかわりを整理します。

(1) 増加する「がん（悪性新生物）」

世界保健機関（WHO）のサポートを受けた国際対がん連合の「がん」に関する調査結果報告書によると世界の2014年のがん発症数は，約1,410万人とされ，820万人が死亡したとしています。がんの発症数は毎年，11％ずつ増加し，2030年には2,200万人に達すると予測しています。日本では，2012年（平成24年）のがん死亡者数は約36万人で，人口10万人あたりの死亡率は286人，総死亡原因の29％を占めています。

がんの主な原因は，発がん性物質の取り込みによるものです。推定原因はNatureで1983年に，図2-3のように報告されてから広く引用されています。この割合は，現在もあまりかわっていません。ストレスなどによる免疫力の低下ががんを憎悪させるとしていますが，発がん性物質の取り込みを少なくすることで予防が可能となります。

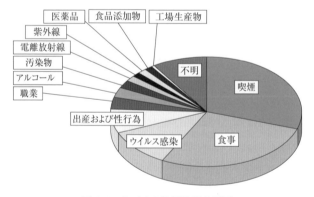

図2-3 人がんの統計的推定原因
(Nature, 303: 648, 1983)

大量の発がん性物質取り込みルートとして，「喫煙」と「西洋型の食習慣」があげられています。特に，受動的喫煙も含めた喫煙による健康被害についてまとめた調査によると，たばこが原因で死亡した数は全世界で年間500万人に達するとされています。たばこには，発がんに関わる物質が多数含まれ，リスクの高い商品として指定されています。また，西洋型の食習慣は，食べ物に含まれる又は混入した発がん性物質の吸収を促すと推測されます。保健所を中心とした生活の面からのがん予防の働きかけとして「偏食しない

で，バランスのとれた栄養をとる」「タバコを吸わない」「日光に当たり過ぎないようにする」など12ヵ条が提唱されています。対策として発がん性物質の環境への放出を減らすと同時に，12ヵ条を実践することによってがんの50％を減らすことができるとされています。

（2） 食生活に左右される慢性的疾患

カロリー計算では，摂取エネルギーの50〜60％はデンプン質やその他の糖質（炭水化物）から，20〜30％は脂肪分（多くは動物性脂肪）から，残る5〜15％をタンパク質から摂るのが理想とされます。理想とされる食事内容は，伝統的な食事と重なるもので，現代においても健康的な食事は，伝統的な組み合わせの延長線上にあります。アジアの典型的な食事は，塩分はやや高めですが，穀類（主に米）や野菜，魚，それに少量の肉から成っており，相対的に脂肪や肉類は低くなっています。

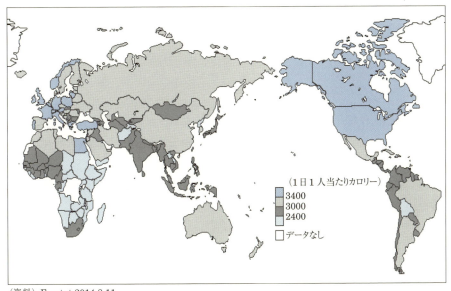

（資料）Faostat 2014.8.11

図2-4　世界各国の供給カロリー（2009〜2011年平均）

これと対照的に，先進国とされる人々の今日の食事は，日本を除き健康に逆行するものです。図2-4のように，総カロリーが高いばかりでなく，大量の脂肪と糖分，塩分，コレステロールを摂取し，デンプン質や果物，野菜は少なくなっています。欧米人は，植物性タンパク質を含む食品より脂肪やコレステロール，カロリーの高い動物性の赤肉（牛肉，豚肉，羊肉）や卵，ミルク，チーズなどを多く摂取する傾向があります。動物性の脂肪やコレステロールが多く含まれる食事を中心に摂ると血中の脂質濃度が上昇（高脂血症）し，過剰なコレステロールは，動脈に沈積して血栓となり，心臓への血液の流れを遮断（アテローム性動脈硬化症）し，心臓疾患や脳血管疾患の引き金となります。塩分を多

く摂取することなどが原因で起こる高血圧症も，血液の循環効率を下げて心臓の負担を増して無理を強いることになります。

　欧米型の食事には，世界保健機関（WHO）が勧奨するレベルのほぼ2倍のタンパク質と中性脂肪が含まれると同時に，家畜生産のために多大なエネルギーと広大な牧草地を必要とします。健康的で環境負荷が少ない食事とはどういうものであり，どのような食事なら慢性的疾患を減らすことができるのか，人々は逆の方向へ向かっているという事実に対して，食習慣の転換を含めた対策が必要になります。

（3）太る人類（肥満，糖尿病）

　経済協力開発機構（OECD）が加盟諸国についてまとめた健康や医療制度に関する報告書（図2-5）で，肥満の増加が保健や医療における新たな脅威になっていると指摘しています。米国では，一貫して肥満の割合が増え続け，2010年には36％に達しました。この数字は全年齢層，男女を含めたもので，いまや米国民の3人に1人が肥満者ということになります。英国では，26％（2010年）が肥満とされています。世界保健機関（WHO）が発表している肥満のデータによると，先進国ばかりではなく，世界中で過体重の人は10億人以上，少なくとも3億人は病的な肥満と推定されています。1980年以降，肥満者が急激に増えている地域としてWHOは，東ヨーロッパ，中東，太平洋諸島，そして中国をあげています。

　肥満は，遺伝的体質も見のがせませんが，最終的には，摂取カロリーと身体活動による消費エネルギーの差し引き，すなわちエネルギーバランスで決まります。さらに，肥満は糖尿病の危険因子とされ，医学的にも多くの問題をかかえています。日本では，体型的な肥満は多くありませんが，糖尿病は増加の一途をたどっています。2007年の厚生労働省の調査では，「糖尿病実態調査」「糖尿病が強く疑われる人」は約890万人，「糖尿病の可能性を否定できない人」は約1,320万人とされ，糖尿病または予備軍とされる人の合計は，約2,210万人となり，成人の6人に1人と推定しています。

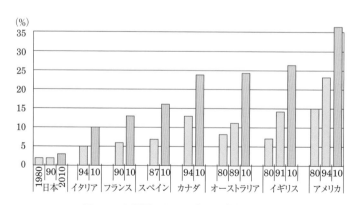

図2-5　主要国における成人肥満率の推移
（OECD, Health data, 2009-2010）

肥満がどうして増えているのか。その要因についてWHOは，経済成長，都市化，食品のグローバル化の3要素が背景にあると指摘しています。収入が増えて都市に居住するようになった人々はカロリーの高い食事を取る一方，肉体的労働は減少し，交通機関の整備によって歩くことが少なくなり，家庭内でも家電製品のおかげで家事に要する労力は極端に減っています。テレビやビデオゲームなど身体を動かさない娯楽が普及し，活動に必要なエネルギーは減っているのに，食べ物の摂取量は逆に増加しています。また，安価で生産される果糖コーンシロップやアブラヤシ油が，マーケット戦略によって大量に販売されていることも要因とされています。付け加えるとアブラヤシ油は，熱帯雨林を焼き払ってつくられるプランテーションで生産されます。まさに，「人類が太り，地球がやせる」という構図になっています。

2.3　環境の変化による健康被害

レスター・ブラウンは地球白書（1997）で，『われわれは海からは豊富な魚を，森林からは木材や新しい医薬品を提供してもらい，昆虫には作物の受粉を媒介してもらい，鳥やカエルには害虫制御を，そして川にはきれいな水を提供してもらっている。われわれは木材が必要なときには植林し，新たな作物が必要なら自然の中に見いだすことができ，井戸を掘れば水が得られるものと考えている。また，われわれが生み出す廃棄物はどこかに消えてなくなり，きれいな空気が吹き込んで都市の大気はリフレッシュされ，気候も安定して予測可能な状態にあり続けるはずだと思い込んでいる。…しかし，自然の方は，増大する地球の人口と経済活動から要求されるサービスを提供することが，ますます困難になってきている。これ以上，自然からのサービスを求め続ければ，誇張ではなく，今日のような人間活動の継続はおろか，最終的にはわれわれの存続自体が危ぶまれることになりかねない。』と指摘しています。

人口の増加と工業的生産活動の拡大，化石燃料の大量消費に伴って，地球の温暖化，森林の減少，砂漠化，オゾン層の減少，水や大気の汚染などが進行すると同時に，自然環境が短時間で急速に変化し，気候の変動が拡大しています。さらに農薬やPCB，食品添加物などのあふれる人工化学物質が生物種の生存そのものをおびやかしています。空気，水，食べ物の汚染は，人の体内に過剰な免疫応答を引き起こし，アレルギーを増加させています。特に，次世代への影響として注目を集めているのが内分泌かく乱化学物質（環境ホルモン）です。本項では，いくつかの問題について簡潔に紹介します。

（1）　地球温暖化の進行

この数百万年，大気中の二酸化炭素濃度は300ppm（0.03％）前後で推移し，地球の平均気温は15℃前後に保たれてきました。二酸化炭素は温室効果ガスともされ，仮に温室効果ガスが存在しないとしたら地球の平均気温は－18℃と試算されています。2014年の初頭，国連は地球温暖化に関する最新の分析や予測を集約したIPCC（気候変動に関する政府間パネル）第5次報告書で，地球の温暖化は人間の活動，特に化石燃料の消費に伴

う二酸化炭素の増加により，明白に進行しているとしました。米海洋大気局（NOAA）は，大気中の二酸化炭素濃度が2013年にハワイのマウナロア観測所で400ppmを超える観測史上最高を記録したと発表しました。温暖化によりシベリアなどの凍土に閉じこめられた，より高い温室効果を持つメタンガスが大気中に放出されて加速度的に進行する懸念もあります。

温暖化による健康への影響として，夏の気温上昇と高温期間の長期化は，熱中症の発生率や体力の消耗による死亡率を増やすと考えられます。2003年にフランスを中心にヨーロッパをおそった夏の熱波は，連日35℃の気温を記録し，フランスで約15,000人，ヨーロッパ全体で約30,000人が熱中症で死亡したことは記憶に新しいところです。地球シミュレーションでは，2020年以降，日本では35℃を越える年が多くなり，2040年以降は頻繁に熱波におそわれると予測しています。

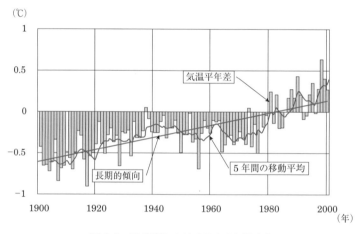

図2-6　20世紀における日本の気温変化
（気象庁）

また，死亡率の高い熱帯性の疾病（マラリヤなど）の発病地帯が，気候変動により温帯にまで広がると推測され，日本もマラリヤやデング熱の分布域に入る可能性があります。日本における観測でも図2-6のように平均気温は上昇しています。気温の上昇は，大気中の光化学反応を加速し，多くの都市の大気中光化学オキシダント濃度（いわゆる光化学スモッグ）が増加することによって，粘膜と呼吸器の傷害が拡大すると予想されます。間接的には，集中豪雨，台風やハリケーンの多発による人命被害，砂漠化による水不足と食料生産の減少などが考えられ，長期的な影響は，人類の生存にかかわります。

いずれにしても二酸化炭素の値は，過去に経験したことのない濃度であり，地球は，未知の領域に入っていることになります。2004年に過去に記録がなく，気象学者が予想もしていなかった，南大西洋でハリケーン（熱帯性低気圧）が発生しました。今後，温暖化によって予想外の事象が起きても不思議ではありません。

（2） 森林の減少

世界の森林の減少とその影響については，環境問題とともに常に指摘されてきましたが，減少傾向に歯止めがかかりません。森林は，その地域の生態系を構成するばかりでなく，源流とする河川の流域や沿岸の生態系や気象にも関係しています。開発途上地域を中心とした森林の減少・劣化は，森林が分布する国や地域での問題のみならず，生物多様性の減少，広範な気候変動，砂漠化の進行などと連動しながら世界的な問題を引き起こしています。これらが明らかになるにつれて，国際的な課題として危機感が高まりつつあります。

世界の森林面積は約35億ヘクタールとされていますが，毎年，日本の国土の約3分の1に相当する約1,100万ヘクタールの森林が消失しています。その原因については，地域によりさまざまであり，複合的である場合が多く，人口増加，貧困，土地利用計画・制度の不備，不適切な商業伐採，過放牧，過度の薪炭材採取，山火事などの要因があげられます（図2-7）。特定の要因に限定することはできませんが，開発による補助金や焼却後のプランテーション造成や商業目的の畑作が減少に拍車をかけているとしています。現状を認識して，森林は人類共通の公共財として保護して行く必要があります。

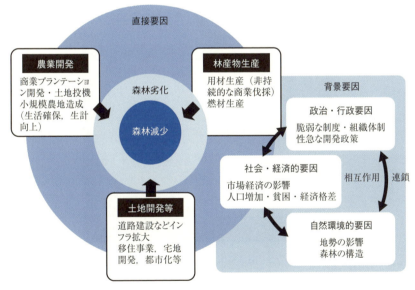

図2-7　森林減少の要因
（REDD研究開発センター，基本情報）

（3） オゾンホールの出現

地球の表面から10～50キロ上空の成層圏にあって，地球と地球上に生息する生物を有害な紫外線（UV）から守ってくれているオゾン層に異変が生じています。南極や北極の上空において春期にオゾンの濃度の減少を示す人工衛星の解析映像が，大きく穴があいたように見える（図2-8）ことからオゾンホールと呼んでいます。南極上空のオゾンが毎

年春期に減少することは，ジョセフ・ファーマンらによって発見され1985年に報告されました。

発見当初から成層圏におけるオゾンの減少は，地上に届く紫外線量を増加させ，遺伝子の変異を高めて人の健康と生態系に重大な影響を及ぼすと懸念されました。具体的な影響として，世界中で皮膚がんの症例が増えたり，農業の生産が落ち込んだり，水生生物に甚大な被害が及ぶと予想されました。この成層圏におけるオゾンの減少は，通常では人体に無害な熱媒体，スプレーガスとして用いられていたフロンであるということがすみやかに突き止められました。

科学者は，使用禁止を目標として国際的な共同行動を取らなければ，これからの数十年間にオゾン層はより破壊されてしまうだろうと予測しました。これを受けて1987年9月，モントリオールで会合を開いていた交渉担当者らは，「オゾン層を破壊する物質に関するモントリオール議定書」を策定し，オゾン層を傷つける恐れのある化学物質の使用について厳しい規制を定めた条約の履行を求めました。現在もオゾンホールは出現しますが，フロンおよびフロン類似物質の生産は中止され，2050年頃には改善されると予測されています。この「モントリオール議定書」は，地球環境外交における画期的な取り組みとして高く評価されています。

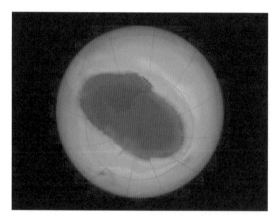

図2-8　南極に出現するオゾンホール
（Ozone Hole occurred on September, 22, 2004. NASA）

(4) 環境ホルモン汚染

人を含めた高等動物の性分化，成長発育，生殖活動を左右する内分泌系の働きが，人為的につくられ，環境中に大量に放出された化学物質によってかく乱されている可能性が指摘されています。特に，焼却炉による燃焼を含め，人為的につくられた有機塩素化合物が生物の体内に取り込まれて女性ホルモン（エストロゲン）様の作用，または男性ホルモンの働きを阻害して雄性の生殖機能に影響を与えているのではないかという疑いです。

自然界で観察，報告された具体的な例として，米国フロリダ州のアポプカ湖で大量に見

いだされた萎縮した外性器を持った雄ワニ，雌の生殖器を持ったバルト海の雄アザラシ，イギリスの河川で発見された卵巣を持った雄の魚（フナ類），船の航路付近で見いだされた雄の生殖器を持った雌のツノ貝などがあげられます。これらの原因物質は，化学工場からの有機塩素化合物，PCB，ノニフェノール，船体塗料中の有機スズであろうと推定されています。同時に，人も汚染の例外ではなく，世界的に若い男性の精液に含まれる精子数が減少，または活動能が低下しているのではないかと指摘されています。

　従来から人の生命・健康をおびやかしてきた動植物の持つ毒素，化学的な毒物・劇物，有害ガス，発がん性物質に加えて，内分泌ホルモン系をかく乱し，次世代にも影響を与える有害物質として環境ホルモン（内分泌かく乱環境汚染化学物質）が参入しようとしています。この内分泌かく乱作用は，実験的な致死量や発がん性試験から求めて得られる量よりはるか微量で生じると同時に，自然界では容易に分解することがなく，生体を構成する脂質と強い親和性を持ち，環境という循環システムの中で生物濃縮を繰り返して，食物連鎖の頂点に立つ動物の存続をおびやかしています。内分泌かく乱物質は，人を含めた生物種の数ある生存への脅威の1つにすぎませんが，人為的な化学物質の安易な環境中への放出は，厳に慎むことが求められています。

2.4　ストレス社会とメンタルヘルスケア

　急激に変化する社会においては心の健康対策も重要な課題となってきます。高度情報化の進展，特にコンピュータとその技術は社会を加速度的に変化させています。しかし，これに伴う社会システムの転換がスムーズに移行しているとはいえません。社会的ストレスの増大，世代間のかい離，新旧相反する考えが混在する社会では，人としての存在の基盤となる絶対的価値観は消失して相対化され，生きる目的や目標が不明確となります。目標喪失の時代においては，漠然とした不安を人々がいだき，社会の中で中心的に働いてきた人たちは自信を失って鬱状態に陥り，ある者は依存症に身を任せたり，青年層は刹那的行動を選択したりするなど心理的に不安定な人々が増加します。ストレス社会においてはメンタルヘルスケアと同時に，心の健康支援が必要となります。

（1）　ストレス社会の進行

　いつの時代においても人が生活を送っている中では，ストレスは常に存在してきました。しかし，現代社会はストレスがとりわけ過剰な社会ともいわれています。ストレス受容の大きさは，受け手の性格にも関係するとされますが，ストレス受容によってあらゆる疾病や暴力が増大することが明らかにされつつあります。遺伝的に人が短時間に耐性を持つ体質に変化することがないとしたら，人を取りまく環境の大きな変化がストレスの原因を生み出しているといえます。高度情報化社会におけるテクノストレスと情報の氾濫，経済的不確かさにおけるリストラや就職難，仕事と子育ての両立の難しさ，子どもの教育，高齢化社会のなかでの介護疲れなどストレスの誘因は数えあげたらきりがありません。

　長い間，人は小さな集落において相互依存の関係にあって「他人とうまくやらねばなら

ない」,「まわりに迷惑をかけてはいけない」という共通認識の中で生活してきました。しかし，競争主義を原理とする社会は，依存関係と反する他者との緊張関係を強いります。また，あふれる情報は，人々の感覚域値を増幅し，より強い刺激にしか反応しなくなる反面，人間的なつながりに必要な情緒や感情を鈍感にさせています。アンビバレント（相反的）な社会の要請，感覚・感情の存在はストレスを増幅させます。人間が生きて行くうえで，社会的な要請に応えようとすることは大事ですが，個とコミュニティーとの関係の再考が必要となってきています。

（2） 多様化する依存的心身症

従来からのアルコール，たばこ（ニコチン），薬物依存に加えて，買い物，ゲーム，ネット・携帯依存などさまざまな依存的行動が増加しています。依存症というのは，自己コントロールを失うほどに身体的，または心理的に特定の物質や対象行動にのめり込むこととされます。アルコールや麻薬類には，薬理作用として身体的な依存性を誘発するので，誰でも陥る可能性があります。買い物やゲームは，報酬を期待し続けるという意味で，心理的に依存した状態になります。スマートフォンやインターネット依存も心理的なものですが，両者に共通するのは，続けることができなくなることによって身体的な「イライラ」や「落ち着きなさ」などを生じさせると同時に達成感を求めるという面で，依存的心身症（図2-9）ということができます。

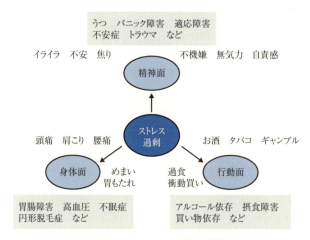

図2-9　ストレスと心身の相関図

拡大するストレスの回避行動と売るためのマーケティング情報の結合が依存症増加の背景にあるとされています。薬物依存では，脳の中に薬物を求める回路ができ，この回路は人の正常な判断力を失わせ，いかなる犠牲を払っても欲求行動を取らせるようにかり立てます。依存症から容易に抜け出せないのは，意志や道徳の問題ではなく，脳内に形成された依存回路の作用によるものとされます。「イライラ」を解消する回路と「欲求」を満たす回路のドッキングは，行動的依存でも形成される可能性がありますので，注意深く見

守っていく必要があります。

（3） 自殺の増加

近年の日本における自殺者は，年間 24,000 人から 25,000 人程度で推移していましたが，1998 年には一挙に 3 万人を越え，2000 年以降もこの水準が続いています（図 2-10）。1 日，約 80 人が自ら死を選択したということになります。仮に，1 日で 3 万人が亡くなったとしたら大災害に匹敵し，小都市 1 つが消えたことになります。また，この数は年間交通事故死者数の約 5 倍にも上るもので，健康問題としても重要な課題です。

自殺の原因や動機の約 6 割は，重い病気を患っての「健康問題」とされますが，急激に増加した背景には，長引く不況による「経済問題」があり，増加分の大部分は男性が占めています。自殺率は，同様な経済環境にあるアメリカの 2 倍，イギリスやイタリアの 3 倍になっていますので，他国の水準まで減らすことは十分に可能です。自殺は，個人的な問題（自己責任）としてとらえられる傾向がありますが，その背景には複雑な社会的環境要因があることをふまえ，さまざまな角度から総合的な対策を実施すべきであることはいうまでもありません。

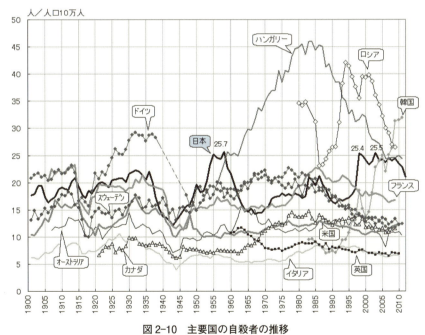

図 2-10　主要国の自殺者の推移
（Honkawa データ図録：国民衛生の動向，OECD 統計から）

2.5　健康福祉体制の再構築

日本では，国民皆保険制度のもとで誰もが基本的な医療を受けることができますが，公的に複数の保険制度が存在し，厳しい負担状況にある制度もあります。医療のあり方としては，皆保険制度のもとで提供者主体の医療から，患者（受ける側）が主体になるとい

うシステムの転換が求められます。患者（受ける側）主体の医療においては，患者が医師の説明を理解し，治療の選択を自ら判断することになります。正確な医療情報をわかりやすく提供する支援システムの確立が重要になってきます。

同時に，先進国は格差の拡大と少子高齢化社会に向かっています。高齢者が安心して生活し，十分な医療や介護を受けられる社会基盤の整備が求められています。本項では，格差の拡大と少子高齢化社会がもたらす生命・健康への不安について言及します。

(1) 経済格差の拡大

日本において生活保護世帯が160万世帯を突破（2014年）し，貯蓄ゼロ世帯が38％を超えるなど，絶対的貧困世帯が増加しています。平均的所得の半分以下の所得しかない世帯が占める割合，相対貧困率は，2010年でOECD（経済協力開発機構）34カ国の平均は11.3％でしたが，日本は16.0％で，イスラエル，メキシコ，トルコ，チリ，アメリカに次いで第29位でした。さらに子どもの貧困率は15.7％で25位でした（図2-11）。所得分配の不平等さを示すジニ係数は，一貫して上昇し，日本はすでに不平等な社会になり，特に若者と高齢者の層で顕著になっていると指摘されています。

1990年代後半から，リストラ，非正規社員，ワーキングプアーなど日本には経済格差を象徴する言葉があふれ，働いても生活に必要な収入が得られず，生きることも困難なケースが現れてきています。確かに資本主義社会では，努力の有無によって生じる格差があっても不思議ではありませんが，必ずしも個人の努力，能力に還元できない差が生じてき

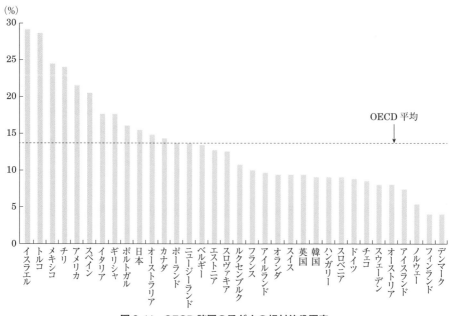

図2-11　OECD諸国の子どもの相対的貧困率
（「子ども・若者白書」，2012）

ています。格差が広がると勤労意欲の低下，犯罪の増加，モラルの低下，将来への危惧，基本的な医療を受けられないなど，さまざまな問題が拡大する危険性があります。

格差を広げている要因に雇用システムの変化（非正規雇用の拡大）があげられています。正規・非正規労働者間の格差は，賃金，年金や医療保険，雇用の安定性，子どもの教育など多岐にわたります。格差対策は，雇用問題と受け止め，有効な対策として「同一労働・同一賃金」の導入，最低賃金制度の整備，若者の優先的雇用などが提言されています。

(2) 少子高齢化の進行

子どもを産み・育てるという本来，人間にとって自然な営みに異変が生じています。先進国では，共通して少子化と高齢化が同時に，急速に進行しつつあり，日本は最も顕著とされています。「出生率の低下」と「平均寿命の伸長」が重なり，さらに「高齢者比率の上昇」が加速しています。総務省統計局（1997年）は，図2-12のように人口動態調査より2007年から人口が減少すると予測していましたが，2006年から実際に減少に転じました。

高齢者の生活と健康を次の世代が担うという社会における少子高齢化の進行は，システムの破綻を意味しています。人口減少の背景として，人々の意識やライフスタイルの変化をとりあげ，さまざまな角度から対策が語られ，歯止めのための提言が公的にもなされていますが，出生率が増加に転じる気配はありません。消費社会では，結婚や出産，育児・教育に対するコストや負担がこれまで以上に大きく感じられるようになり，これを先延ばしにする人が増えてきています。その一方で，正規雇用の機会を失ったフリーターなどの層は，結婚を含めた将来設計を描けない状態にあります。

雇用環境，医療の整備，高齢者の社会的入院や多額医療費の財政負担，不十分な社会福

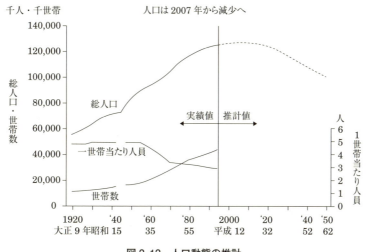

図2-12　人口動態の推計

総務庁統計局（国勢調査報告）
国立社会保障・人口問題研究所「日本の将来推計人口，1997」

祉施設，育児や介護における女性の過大な負担など，数多くの問題が指摘されていいます。少子・高齢化の進行それ自体は，一概に問題ばかりとはいえませんが，豊かで明るい少子・高齢社会を迎えるためには，発想と社会システムの転換が必要になります。具体的には，次世代への先送り負担の解消，若者の優先的雇用，高齢者の能力の活用，有効活用されていない受験世代の参入，移民の受け入れなどがあげられます。

　経済成長に固執したシステムでは，少子・高齢社会に対応できないとされています。これらの諸問題を克服するためには，人口減少を前提とした未来社会の提言，人々の意識と社会システムの変換が必要になります。

参考図書・文献

1) 渡辺紀元編：環境の理解-地球環境と人間生活-，三共出版（2006）
2) 青木康展：環境中の化学物質と健康，裳華房（2006）
3) 林　昌宏・倉根一郎：西ナイル熱，脳炎，Pharma Medica，24（8）（2006）
4) 森田昌敏・高野裕久：環境と健康，岩波書店（2005）
5) 町田和彦：感染症ワールド-免疫力・健康・環境-，早稲田大学出版部（2005）
6) 新井洋由・早川和一：衛生薬学-健康と環境-，広川書店（2005）
7) 田中平三：社会・環境と健康，南江堂（2004）
8) 安井　至：環境と健康-誤解・常識・非常識-，丸善（2002）
9) 押谷　仁：検証SARS　世界の状況とWHOの対応，公衆衛生，67（11）（2003）
10) 志渡晃一・小橋　元：病気の予防と健康，三共出版（1998）
11) 廣瀬輝夫：環境医学事始め，シーエムシー（1998）
12) レスター・R・ブラウン，浜中裕徳訳：地球白書1997-98，ダイヤモンド社（1997）
13) 環境庁地球環境部：オゾン層破壊，中央法規出版（1995）
14) 北大環境科学研究会編：展望21世紀の人と環境，三共出版（1994）

環境と人の相互関係

3 環境刺激に対する調節と適応

　何気なく生活していてもわれわれは，毎日刺激の渦の中で生きています。しかし，大部分の刺激をわれわれは刺激とも感じていません。なぜなら，生物はたくさんの感覚器官をアンテナのように張りめぐらして外界の変化をキャッチし，体内の伝達系を介してそれらを脳に伝え，脳は情報の大きさと意味を理解し，神経・ホルモン系を介して構成する器官の機能をたくみに調節して，刺激に迅速に対応しているからです。

　刺激の中には，われわれに有害なものもありますが，刺激に対して無防備ではありません。例えば，炎天下で作業をしなくてはいけないというとき，生理的には，体内における熱の産生を抑え，血管や汗腺を拡張して熱の放散をうながすようにからだを変化させると同時に，水を飲んだり，帽子をかぶったり，日陰をつくったりするなどの行動を行います。また，文化的には，熱を速やかに逃がす素材の肌着を身につけるなどの工夫も行われています。

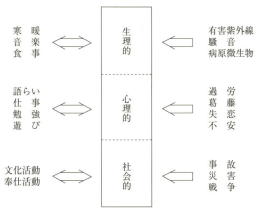

図 3-1　人における日常刺激と有害刺激例

図3-1のように,生物はあらゆるレベルで,特に人は,身体的側面ばかりではなく,文化的側面も含めてさまざまな選択肢の中から経験や学習で学んだものを生かして環境に適応しています。本項では,環境と適応のかかわりとして,まず生理生化学的調節・適応の基本機構とそれらを乱すストレスについて概説します。

3.1 調節の局面

調節には,たくさんの局面がありますが,とらえ方によって,以下の4つに分けることが可能です。
（1） 一定の状態を維持すること
（2） その環境で最適な状態に変化させること
（3） 与えられた目標に到達すること
（4） 状態移行をスムーズに行うこと

（1）のホメオスタシスとも呼ばれる恒常性の維持は,生体における調節の代表例としてあげられています。外界の大きな変化に対して,体内では生命活動に必要な状態が絶妙な調節機構で維持されています。からだを構成する細胞にとって内部環境ともされる血液中の多くの化学成分は,食後の一時期を除き,また周期的に変化することがあっても狭い濃度範囲に維持されています。特に動脈血のpHは7.32〜7.42というごく狭い範囲に保たれています。この機構には,化学的な緩衝作用と同時に,結果が初期状態に影響を及ぼすというフィードバック作用も観察されています。

（2）として,瞳孔反射があげられます。外界の変化として光の強弱があった場合,瞳孔の大きさを加減して,明るすぎるところでは瞳孔を縮めてまぶしさを防いだり,暗いところでは瞳孔を広げたりして視認を可能にします。当然のことながら,像の位置の遠近に対してはレンズ体の厚さを変化させています。この場合,一定の絞り,厚さを維持するというのではなく,その状況に応じて最良の状態に自分自身を変化させているととらえることができます。運動におけるバランス調整もこの範疇に含めることができます。

（3）として,胚の発生があげられます。われわれのからだは,1個の受精卵から出発して1個体として完成したものです。発生といわれる過程の中で,ある細胞は脳細胞に,ある細胞は骨細胞に,ある細胞は肝細胞にと分化し,見事な個体ができあがります。場との相互作用も含め,遺伝子の中に一連の過程を調節する情報がプログラミングされているとはいえ,現象的には,多数の細胞が自らを調節しながら時間経過とともに目標に向かって増殖して,完成したものです。

（4）として,周期的なからだの変化があげられます。地球上の生物の多くは,1年を単位として周期的な生活を営んでいます。特に,雨期と乾期,夏季と冬季が交互に訪れる環境では,植物は葉を落とし,動物は体毛が替わったりします。われわれのからだも秋には食欲が高まり,皮下脂肪が厚くなったりします。生体にとっては,劇的な変化ですが,これらの移行には準備が必要です。変化を予測し,それらに対応した調節機構があって,

状態移行がスムーズに行われると考えられます。

　もちろん，だれでもこれらの調節能力を持っています。同時に，調節範囲には個人差があり，訓練によって範囲を広げることもできます。いずれにしても，めまぐるしく変化する環境の中で，これらの調節機構が統合的に機能して，われわれのからだは正常な活動が可能となるのです。

3.2　調節と適応

　人は，南から北へ，低地から高地へと他の動物と比較にならないほど幅広い地域で生活しています。このとき，その地域環境に適応して生きているという表現を用います。肌の色，体毛の濃淡などのように，何世代もの長い間，同じ環境で生活することによって遺伝的に固定されたものもありますが，基本的には，生まれた場所とは無関係に，育てられた環境に順応して生きることができます。このようにわれわれのからだは，幅広い調節機能を持ち，育った環境に順応することができます。この調節がある程度パターン化されたものが適応といえます。また，適応した状態も決して強固に固定されたのではなく，長期的には変わり得るものです。この項では，代謝・調節の例として地球温暖化に関連する体温の調節，メタボリックシンドロームに関連する糖代謝について，さらに調節適応の限界，負の作用について概説します。

3.2.1　体温の調節

　生命活動に必要なエネルギーは，栄養過程として営まれる代謝活動によって取り出されます。体温は生命活動の基盤を成すもので，その恒常性は，自律性調節と調節性行動によって維持されています。動物は，体温調節能力から恒温動物と変温動物に分けられますが，恒温動物とされるほ乳類，鳥類は，環境温度が相当大きく，長期間にわたって変化しても自律性調節を主として体温を一定に保つことができます。また，リスやハリネズミなどの小型のほ乳類は，冬になって気温が低下すると活動が極端に低下した状態で冬を過ごしますが，この冬眠と呼ばれる状態は，生理的調節による積極的な適応性低体温と見なすことができます。

（1）　体温の分布と変化

　人の身体内部温度の平均値とされる体温は，身体活動，節食によって高くなりますが，測定部位によって異なり，環境温度の変化によっても変動します。からだの中心部の温度とされる核心温は，肝臓や筋肉部位で高く，血液循環や組織の熱伝導によって一定になります。外界と接する表層は断熱層となり，外殻温とされています。気温が高くなる（図3-2左）と核心温の範囲は広がり，断熱層が薄くなるために熱放散が大きくなり，反対に気温が低くなる（図3-2右）と断熱層が厚くなり，熱の放散が小さくなります。このような変化は，血管の膨張や収縮によっても同時に起こりますが，脳，心臓，肺，消化器，腎臓などの重要な臓器がある部位では，寒冷下においても核心温が保たれます。

環境と人の相互関係

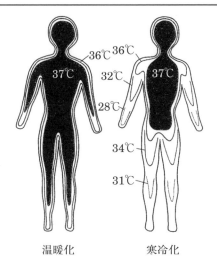

図3-2　環境温度下の体温分布

　体温は，夜間から低下して早朝にかけて最低となり，昼間の活動時に上昇して夕方にかけて最高になるという1日を単位とした周期的な変化を示します。この日周変動は身体活動や摂食，気温の影響とは無関係に起こり，中枢神経の視床下部にある生物時計のシグナルに基づくホルモン分泌と連動していることが明らかにされています。

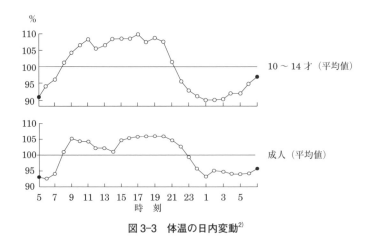

図3-3　体温の日内変動[2]

　女性においては，月経周期のほぼ中間点の排卵時に一過性に体温が約0.2℃低下し，その後体温は約0.6℃上昇して，次の月経まで高温相が続くとされています。この体温変化は，黄体ホルモンであるプロゲステロンの中枢性および末梢性の体温上昇作用によるものです。また，年齢による変動としては，代謝活動のさかんな出生期，乳児期には体温は高く，14～16歳で成人のレベルに達します。

（2） 温度への適応（馴化：じゅんか）と発現機構

高温環境あるいは低温環境で，持続的または反復して長期間生活していると体温調節能力が高まり，それぞれの環境で効率的に体温が維持され，また環境温度の変化に対する耐性が改善されます。このような現象を温度馴化と呼んでいます。

温度馴化は，図3-4のように，感覚受容統合系と中枢神経系，自律神経系，内分泌系，効果器官が相互に連関して発現されます。

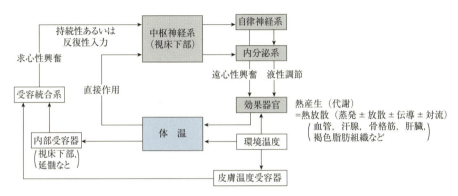

図 3-4　温度適応の発現機構[2]

（3）発　熱

発熱は，温度感受性ニューロンの活動特性が変化することによって設定体温が上昇した状態です。この場合，体温調節機構は正常に機能しているのが特徴です。一般に，発熱のはじめには寒冷反応である血管収縮とふるえが発現して体温が上昇します。

発熱は，病原体の内毒素および外毒素，ウイルス，破壊組織などが免疫担当細胞（単球，好中球，マクロファージ，リンパ球など）を活性化して，免疫サイトカインである内因性発熱物質を産生して血中へ放出することによっても起こります。発熱による体温上昇は，危険な体温レベルである41～42℃を越えることはほとんどなく，過度の体温上昇を抑える内因性解熱物質が体内で産生され，脳内で作用するためとされています。なお，発熱は病原体の増殖を抑制し，免疫機能の高進などに働く生体防御反応の一環であることが明らかにされ，解熱剤の慎重な使用が求められています。

3.2.2　糖の代謝とその調節

栄養素を含む食物の摂取量，エネルギーを消費する運動量が日によって異なっても，短期間では，われわれのからだは大きく変化することはありません。からだを構成する主要成分には共通代謝経路が存在し相互に変換可能なためです。生体成分や代謝過程は酵素レベル，細胞・組織レベル，神経・ホルモン系レベル，個体行動レベルで内部，外部の状態に適切に対応するかたちで調節が行われています。エネルギーの取り出しと代謝障害である糖尿病にかかわるグルコース（ブドウ糖）の代謝調節について概観します。

われわれは穀類を主食とし，穀類の大半は糖質で占められています。しかし，からだに占める糖質の割合は1%以下です。糖質の基本成分であるグルコースはエネルギー源，生体材料として大変重要な物質ですが，強い還元性を持つため高濃度では生体に有害となります。したがって，デンプン質がグルコースに分解されて体内に吸収された場合，大部分は一時的にグリコーゲンとしてストックされるか，中性脂肪に変えられて貯蔵されます。その後，必要に応じてグリコーゲンを分解したり，中性脂肪を分解したり，タンパク質を分解したアミノ酸からグルコースを合成（糖新生）したりしてグルコースの需要を満たします。グルコース濃度は血糖値として90mg/100mL前後に維持されますが，血糖値は別々な作用機構で，上がり過ぎたら下げる，下がり過ぎたら上げるという動的均衡状態（図3-5）にあり，このグルコース濃度の変化は脂質，アミノ酸代謝にも影響を与えるという複雑な関係にあります。これら一連の過程は，以下のように神経・ホルモン系の働きも加わって調節されています。インスリンを介した下げる機構が障害を受けたり，低下したりすると糖尿病という病態に移行します。

具体的には，食事によりグルコース濃度が高まるとすい臓のβ細胞よりインスリン分泌が促進され，インスリンは組織でグルコースの膜透過性を上昇させると同時に，細胞でのグルコース利用を高めます。さらにインスリンは脂肪組織では，脂肪の分解を抑制し，脂

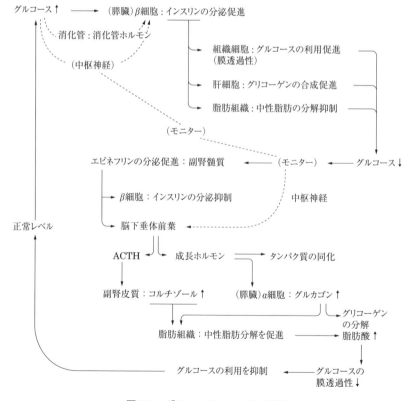

図3-5　グルコース-ホルモン効果

肪酸のエステル化（中性脂肪の合成）を促進します。また肝臓では，グリコーゲンへの合成を促進します。なお，筋肉や脂肪組織では，グルコース濃度の上昇はインスリン感受性を高めるとされています。一方，グルコース濃度が低下すると膵臓のα細胞からグルカゴンの分泌が促進されると同時に，副腎髄質からエピネフリンの分泌も促進されます。エピネフリンはβ細胞からのインスリン分泌を抑制し，中枢神経系に対しては副腎皮質刺激ホルモンの分泌を促進し，副腎皮質からは糖質コルチコイドの分泌が促進されます。グルカゴンはグリコーゲンの分解を促進し，糖質コルチコイドは，糖新生を促進し，脂肪を分解して遊離脂肪酸を上昇させる作用を持っています。

3.2.3 調節・適応とその限界

空気の薄い環境におかれるとからだの呼吸は自然に速くなるか，または深くなります。必要な酸素を確保するために呼吸中枢が無意識的に行う調節という働きです。このような環境にしばらく置かれると，からだはエネルギーを消耗して疲れてしまいますが，ある程度の期間を過ぎると慣れてしまいます。呼吸数も減少しますが，通常より酸素が少ない状態に変わりはありません。この場合，脾臓に貯蔵された予備の赤血球を動員，または心拍数を上げて，酸素運搬の働きを担う赤血球の循環総数を増やすことによって対処します。通常，血液に占める赤血球の割合（ヘマトクリット値）は，40数パーセントですが，赤血球の割合が高くなると粘性も高くなります。心拍数の増加が加わると心臓の負担はいっそう増加します。したがって，このような状態を長く続けることはできません。次に，赤血球中の酸素と結合するヘモグロビンを増加させることによって，赤血球数を相対的に減少させて負担のかからない状態に移行することができます。

これらへの営みの移行には，数日，数週間，数か月という時間が必要ですが，調節から適応へと進んだ例としてとらえることができます。しかしながら，調節・適応には限度があり，一般に，酸素濃度10％以下では呼吸困難を起こし，7％以下では生存できません。前述の体温においても体温が23℃以下になると神経機構が抑制されて心臓が停止し，体温が42℃以上になると神経が刺激されて痙攣を起こすとされています。

3.3 調節・適応の負の作用

自動車を運転していると，何かが飛び出してハッとさせられる場面にしばしば出合います。そのときは，心臓が高鳴り，冷や汗をかくこともあります。大勢の人の前で，何かを発表しようとするとき，特に慣れないうちは，緊張と同時に心臓の鼓動も強く感じられます。図3-6に示すように，刺激は，中枢神経系を介し，中枢神経の精神心理，内分泌・自律神経系の身体双方の反応に関与します。

さらに，これらを詳しく観察すると図3-7に示すように，交感神経系の機能が高まり，副腎髄質からエピネフリンが分泌され，心拍数が増加し，血圧が上昇します。同時に，脳下垂体から副腎皮質刺激ホルモン（ACTH）が分泌され，副腎皮質から，代謝の活性を全

環境と人の相互関係

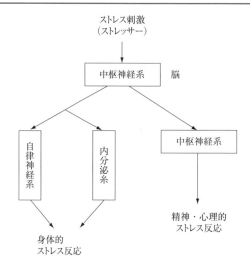

図3-6　ストレス刺激を受けた場合の生体の反応

般的に引き上げるコルチゾールというホルモンが分泌されます。この反応は，ショックをはじめとする緊急時の危険に対する防衛機能とされています。

　生理学的には，心臓が高鳴り，冷や汗をかくのは，心拍数が増加し，血圧が上昇するためですが，これらの反応は，その場から緊急に退避する行動の（一目散に逃げ出す）ためにからだが必要とするものです。一連の反応は，人がほ乳類の中でひ弱な存在であったとき，危険な状況にさらされたときに逃げ出す体制を整えるために何万年もかけて獲得してきた機能とされています。多くの場合，近代社会においてはこの逃避行動は必要とされなく，逆にからだの負担となるケースが多くなります。例えば，狭い車の中で心拍数が増加し，血圧が上昇してもそれに見合って身体を動かすことはなく，逆にできません。からだを動かさなかった場合，血圧上昇に伴う血管への負担は増加し，血管損傷の機会も高ま

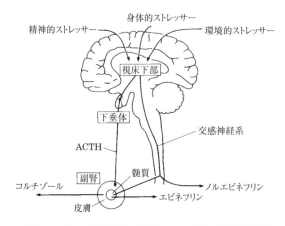

図3-7　ストレス受容時の神経－ホルモン系の身体反応

り，動脈硬化の誘因となってしまいます。また，糖代謝は食料が不足または不十分な状態に適応し，過食や飽食，運動不足は糖尿病などの代謝障害の要因となります。これらは近代社会における調節・適応の負の作用と考えられます。

3.4 調節・適応とストレス刺激
3.4.1 調節・適応と動的均衡状態の乱れ

われわれのからだは生命単位の細胞からでき，細胞は集まって組織・器官をつくり，組織・器官から身体的個体ができあがっています。これらは，調節・適応または生体防御機構という機能を発揮して，相互に影響を及ぼしながらダイナミックな動的均衡状態を維持していますが，受けた刺激によっては，損傷を受けたり歪みが生じたりします。この動的均衡状態，すなわち良好な（健康）状態を乱す刺激としてストレスという概念が使われています。一般にストレスとは，外界から加えられた一定以上の望ましくない刺激によって生じたからだの歪みとされ，好ましくない状態を意味しています。この望ましくない刺激をストレッサーとしていますが，調節・適応という面から生体の歪みには，4つの場面が考えられます。

（1） 調節・適応の範囲を超えた刺激を受けた場合

大きな音，不快な音，雑音などを多くの人は騒音と感じます。一定以上の強さの音に繰り返し長時間さらされると聴力は低下し，通常の音が聞き取りにくくなってしまいます。また，一時的にも限度を超えた大きな音にさらされると不快感を通り越して恐怖を感じるようになります。調節・適応の範囲には個人差がありますが，いずれにしても範囲を超えた刺激に長時間耐えることはできません。

（2） 調節・適応に失敗した場合

刺激に対して，常に調節・適応に成功するとは限りません。特に，今までに受けたことのない新しい刺激にはひ弱です。また，病原微生物の感染を受けたとき，潜在的な栄養欠乏状態では，十分な防御体制が取れないとされています。自然現象として，一定の確率で対応に失敗することも考えられますが，刺激の受け手の体制が十分でない場合も刺激に耐えられない確率が高くなります。

（3） 過剰に反応してしまった場合

ストレス反応時には，図3-7に示されるようにコルチゾール（代謝活性化ホルモン）やエピネフリン（攻撃ホルモン）が分泌されますが，過剰に分泌されることも少なくありません。過剰のコルチゾール状態では，胃や十二指腸の粘膜が損傷し潰瘍が生じたり，免疫機能を抑制したりします。また，感染抵抗性が低下したり，がん細胞を見のがしたりする可能性が高まるとされています。

（4） リズミカルな営みが乱される場合

通常われわれは，朝起きて，昼間行動し，夜眠ります。また，朝・昼・夜のそれぞれに食事を，毎日同じようなリズムで取っています。このリズムに同調するように体内の代謝

系も調節，組織化されています。不規則な睡眠，不規則な食事が，からだに負担を強いることは承知のところです。災害時の避難所での長期間の生活はリズムの造り替えが困難な高齢者には多大な負担となり，ストレスとなります。

3.4.2 化学的ストレスと生体影響

調節・適応というからだの営みは，刺激の種類，大きさによって影響を受けることは容易に理解できます。また，調節・適応には多大のエネルギーを必要とするので，繰り返し刺激を受けた場合，適応疲労を起こしてしまいます。したがって，ストレスとなる刺激の生体影響はいくつかの側面から検討する必要があります。

からだに損傷，ストレス状態を引き起こすものとして，化学的ストレッサーがあげられます。酸素の例で示したように通常の成分も量的関係からストレッサーになり得ます。生命維持に不可欠な栄養素も，大量に，一時に摂取したら問題を起こしてしまいます。例えば，低濃度では，可能性はありませんが，15％の食塩水を実験動物に繰り返し，直接投与したらがんが生じたという報告があります。亜鉛や銅のような必須微量元素とされる金属は，低濃度では欠乏状態になり，高濃度では有害となります。また，錠剤からビタミンAを過剰に摂取した場合，過剰症が生じるとされていますが，食品から摂取した場合にはそのような例は報告されていません。これらのように，ある物質のストレッサーとしての生体影響を指摘する場合は，まず量的関係と形態による質的な違いをとらえておく必要があります。

今日では，ある物質によって実験動物にがんが発生したという報告を聞いただけでその物質を敬遠する傾向があります。実験的に発がん性物質とされるベンツピレンだけでも繰り返し投与を受けると発がんしますが，一度や二度では起きません。しかし，一度の投与でもその後にクロトン油の暴露を受けると発がんしますがクロトン油単独では，がんは生じないことが確認されています。現在，発がんは2つの過程をへて起こり，最初の段階をイニシエーション（初発要因），それに続く段階をプロモーション（促進要因）と呼びます。すなわち，ベンツピレンは初発，促進の両方に，クロトン油は促進のみに関与していることになります。近年の研究では，発がんにはベンツピレンとクロトン油の関係のように，作用機序，共存物質の有無が重要とされています。このように，ストレッサーの影響は1つの外的因子だけで判断できない場合が多くなります。

表3-1 生体影響の検討要素[6]

影響の部位
量−反応関係
時間的因子（急性，亜急性，慢性的など）
物質の形態（無機形，有機形，錯体形など）
共存物質の作用（相加，相殺，相乗効果など）
中間生成物の影響
性差，年齢差による感受性
生体リズムとの兼ね合い

有機溶剤は，一時的には軽い神経症状しか与えませんが，長期的には脳内の神経回路や肝臓を冒すものも少なくありません。重金属の水銀，鉛では有機化合物と無機化合物で毒性が異なると報告されています。薬物のキノホルムは，体質的にある人にとっては有効な胃腸薬であっても，ある人にはスモンの原因物質になったりします。放射線の急性的影響は個体によって異なりますが，統計的には，放射線の被爆線量とがんの発生率は相関するとされています。すなわち，表3-1にまとめられるようにストレッサーの生体影響を論ずるためには，調節機能を含めた作用機序の解明，形態ごとの感受性，量－反応関係および時間などとの多面的な検討が必要となります。

一般に，生物は天然の成分に対しては長い歴史の中で，一定の範囲の濃度では調節が可能なように適応してきたと考えられています。したがって，ストレッサーとなる物質が天然に存在するものなのか，または完全に人工的なものなのかも知っておく必要があります。

3.5　ストレス対処と心の健康

近年，ストレスという言葉は日常生活の中に定着してきていますが，日常使われている「ストレス」の多くは心理的ストレスを指しています。改めて「ストレスとは何か」と尋ねると，的確に答えられる人は多くありません。その理由として，「ストレス」は実感として理解できるが，からだの中の特定の場所に異常が生じたり，何らかの物質を測定したり，あるいは特定の質問をすることによって，「ストレス」状態を確実に同定できないことがあげられます。心理的ストレスは，人々が共有する体験に基づいて形成される「構成概念」に近く，実体としては常にあいまいさが残ります。しかし，図3-8のように『何らかの有害な刺激（ストレッサー）が外から加わり，その状況を不快，苦痛に感じることを前提として，その際に生体に生じる好ましくない内的状態をストレスと呼び，その結果

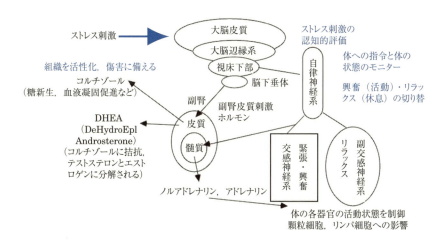

図3-8　心理的ストレス受容時の応答モデル[1)]

として生体に現れる反応をストレス反応と称する』ことに関しては，おおよそのコンセンサスが得られています。

仲間はずれの痛み

仲間はずれにされて，心理的な疎外感を感じるのも，体が物理的な痛みを感じるのも，脳内の反応は同じであるということを米カリフォルニア大などのグループが次のような実験で確かめました。

13人の被験者にそれぞれテレビゲームをしてもらい，ゲームは，被験者が画面に出てくる2人とキャッチボールをする内容になっています。「最初は3人が仲良くボールを投げ合うが，突然，被験者が仲間はずれにされ，ボールを投げても2人からは返球がないよう設定した。脳の反応を機能的磁気共鳴断層撮影（FMRI）装置で調べたところ，仲間はずれにされると，痛みによる苦しみに関係するとされる前部帯状回皮質という部位が反応していた。苦痛のコントロールにかかわる右前頭葉前部腹側部も，仲間はずれにされた時に活発に反応していた。」また，実験動物においても，「5匹のマウスを1つのケージの中に飼っておいて，2分間に1匹ずつケージの外に取り出すという心理的ストレスを加えると，最後に残されたマウスは物理的ストレスが負荷された場合と同じように20分以内に1.5℃の体温が上昇した。」という同様な報告があります。

以上のように，心理的なストレス反応では，脳・神経系，内分泌系，免疫系および知覚・感覚系応答の変化を伴い，行動との相互作用を伴います。しかしながら，これらのストレス反応の「刺激一応答」の相関やストレス刺激に対する適応機構，ならびに人の行動や疾病に及ぼす影響についての解明には，これからの研究の進展が待たれます。経験的にストレスやストレスへの対処の仕方が，発病や病気からの回復と関連していることは確かです。実験動物あるいは人を被験者として，身体的または心理的な種々のストレス刺激を受けたときの生体応答や人の行動パターンを生化学・神経機能解剖学および認知行動学・認知心理学の観点から多角的に検討し，ストレス反応やその適応機構などを解明していく必要があります。

一方，人においてはストレスを認識して，どのように対処するかということが重要になります。ストレッサーに対応するために意識的に選択する行動及び思考をストレス対処（ストレスコーピング）と呼んでいます。ストレスコーピングは，個人と環境の相互作用の中で，ストレッサーの解消を目指して情報収集や対処行動を通じて解決を図る問題焦点型対処と，ストレッサーに起因する情動反応に注目した攻撃行動や問題行動を意識から切り離すような情動焦点型対処に大別されます。また，性格（パーソナリティ）特性に応じて対処法を探ることも必要とされます。

最後に，心の健康には，ストレスコーピングと同時に，人の心理構造の認識も必要となります。フロイトは，人の心理構造は原我（エス），自我（エゴ），超自我（スーパーエゴ）で成り立っているととらえ，それらの実体と関係を解き明かしました。エスは，人が

図3-9 身心の健康とストレス対処,脳の機能と構造

持って生まれた生物的欲求のすべてを含み,文明社会の要求と対立することが多く,エゴは,社会と直接かかわりあい,本能的なイドに代わってものごとを処理していく精神の理性的,意識的な部分とされ,スーパーエゴは,自ら課したルール,または親や社会が決めた外的なルールを受け入れ,行動を律する道徳的自我ともされます。心の健康には,エス,エゴ,スーパーエゴが相互に行動を調整し,バランスを保つ必要があります。また,自らの感情をコントロールするスキルの獲得と同時に,家族,友人,同僚といった社会的な支援関係の有無も心の健康における重要な要素となります。

参考図書・文献

1) 雨宮俊彦:心理学から見た病気とストレス対処法,坂の上クリニック健康講座(2004)
2) 萩原俊男・垂井清一郎編:生体の調節システム,現代医学の基礎4,岩波書店(1999)
3) 賀来章輔:生命体の科学,共立出版(1995)
4) 長野敬:生体の調節,生物科学入門4,岩波書店(1994)
5) 田中豪一他:ストレスと健康,三共出版(1990)
6) 佐々木胤則・仲井邦彦:からだの営みと健康,三共出版(1989)
7) 大沢仲昭:ストレスとは,からだの科学,No.134,日本評論社(1987)

4 水，空気と健康問題

われわれのからだは，一見，環境からは閉じた系のようにふるまっていますが，水，空気，食べ物を体内に取り入れ，代謝というダイナミックな過程（栄養）をへて，二酸化炭素（CO_2）と排泄物（水を含む）を外に出すという活動を通じて，環境と直接つながっています。

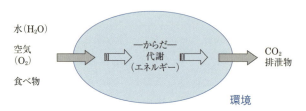

図 4-1　開放系としての人のからだ

水，空気（必要なのは酸素：O_2），食べ物なしでは生存できなく，これらに求められるのは，「一定の量」と「安全性」です。同時に，水と食べ物は，常に量・質ともに人の活動の制限要素として作用してきました。近代社会は，制限要素を克服したかのように未曾有の人口増加と都市の発展をとげてきましたが，20世紀後半から資源の有限性と利活用の限界が指摘されるようになりました。また，化石燃料の過度の使用は，大気汚染と同時に大気の二酸化炭素量を増大させ，空気の温室効果を高めて地球の温暖化を進行させているという指摘が，さまざまな観測から確定的となってきました。単純に考えて，気温の上昇は，地表からの水分の蒸発を高めて，砂漠化を促進すると同時に，異常気象，食料の減産につながります。

本項では，水，空気と健康について生体にとっての必須性を含むマクロな視点から改めて整理してみます。

4.1　水の利用と健康
4.1.1　生命にとっての水

生命は水中で誕生したといわれ，からだの $60 \sim 70\%$ は水であり，水なしでわれわれは生きていけません。地球は水の惑星と呼ばれ，地球上は，約 14 万 km^3 の水で覆われていますが，97.5% は海水で，残りの 2.5% の大部分は淡水の氷です。陸上の生き物が簡単に利用できる水は 0.01% にすぎなく，この限りある淡水がわれわれの命の源泉となっています。さらに，人にとって安全な水はこのごく一部です。

水は生命活動をになっているさまざまな物質を溶解し，電解質はイオンとなり，生命維持に必要な多くの生体反応に関与しています。このように，さまざまな物質を溶解させることができる水の特異的性質が，生体にとって極めて重要となります。また，水は温度が変化しにくい性質が高いため，体温を一定に保つのに有利に働きます。さらに細胞内の細胞質では，水溶液中で栄養素が分解され，エネルギーの産生系で中心的な役割をになうだけでなく，タンパク質，DNA，RNA，脂質膜などの生体成分に対して高次構造を形成，安定化させて，特異的な反応や生成物の流動を可能にしています。人は1日に約2.5リットルの水を必要とし，体内での利用と循環は図4-2のようになっています。このように，水は生体内のあらゆる生命活動に関与していることから，人を含む多くの生物は水分を補給しないと短期間で生命活動を停止します。

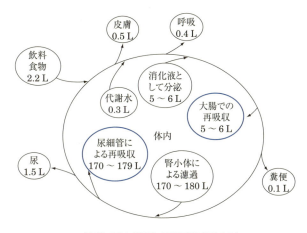

（青線で囲んだ部分は再吸収を意味する）

図 4-2　体内における水の動態

4.1.2　水の循環と汚染
（1）　水の循環と利用

21世紀は「水の時代」ともいわれています。水の重要性が再認識されるにつれて，人々の水を大事にしようとする気持，水質を保全しようとする意識が高まってきています。1992年6月の地球サミットでは，21世紀の持続可能な発展には，「水資源管理」が必要不可欠な重要な課題であるという認識で一致し，地球規模で深刻化しつつある水資源問題の解決のために，シンクタンクとして World Water Council（WWC: 世界水会議）が設立されました。WWC主催の「世界水フォーラム」が3年に一度開催されています。日本においては，国土交通省水資源部により毎年「日本の水資源」白書が出され，年ごとの水資源の状況が把握できるようになっています。また，国土交通省水資源部は1971年～2000年の年平均降水総量，蒸発散量，水資源現存量のデータをもとに「日本における水の収支」を算出し，図4-3のように図式化しています。

地表水利用の他に地下水利用が131億 m^3 あり，生活用水や工業用水の地下水依存率は

35％程度になっています。工業用水やビル用水などに地下水が盛んに利用されてきましたが，地盤沈下に代表される問題を引き起こしています。河川を水源の中心とした従来の平面的な水循環の考え方から，地下水，下水道，雑用水利用も含めた水の3次元的な流域水循環システムを考えなければならない時代にきています。この観点からの「ウォータープラン21」は，流域水循環系再生構想ともいえます。

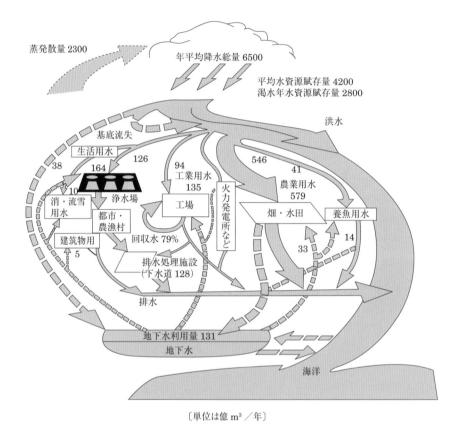

〔単位は億m³／年〕

図4-3　日本における水の年間平均収支（1971～2000年）
（国土交通省水資源部）

（2）　水の汚染と公害事件

　産業社会と豊かな生活は大量の水を使います。水を使うことは，水を汚して排出することです。多くの近代産業は大量の水を使いつつ，都市に人々を集めました。汚す量が少なければ，自然の自浄作用できれいになりますが，工場や都市からの排水は自然の浄化作用をはるかに越えたものになっています。また，工場の排水や鉱山の残渣には生体に有害な物質を含む場合が多く，特殊な処理を行ったり，水とともに流れ出さないようにしなくてはいけませんが，過去に，大量の有害廃水を発生させ，河川やその流域，閉鎖性水域の内湾，湖沼を汚染し，重大な公害事件も引き起こしてきました。代表的な事例として「足尾銅山鉱毒事件」，「水俣病」，「石狩川パルプ汚染」があげられます。これらは，「環境と健

康」を考えていく上での重要な教訓となっていますので，概要を紹介します。

■足尾銅山鉱毒事件

足尾銅山鉱毒事件は，日本における公害問題の原点とされています。栃木県上都賀郡にある足尾銅山から流出した鉱毒が，周辺の山を源流とする渡良瀬川流域の農業や漁業に多大な被害を与えた事件です。足尾銅山は徳川の時代からありましたが，1877年に古河市兵衛（後に古河財閥を形成）が当時の最新の精錬法（ベッセマー式）を採用して，経営を始めてから急激に発展しました。しかし，銅の精錬のために，銅山周辺の山林を乱伐したり，大量の硫黄分や硫酸を含んだ煤煙を排出したりして，周辺の森林は大きな被害を受けました。森林を失って，保水力が衰えた山では，洪水が頻繁に起こり，流域での鉱毒被害が深刻化しました。上流で大量の雨が降る度に，「渡良瀬川の魚が死んで浮き上がる」，「稲の生育が悪い」などの異変が起き始めたのは足尾銅山から流出した鉱毒によるものでしたが，1891年の告発から工事が行われ，被害が減少したのは30年後となりました。しかしその後も，渡良瀬川に流れる鉱毒がなくなったわけではなく，渡良瀬川から直接農業用水を取水していた群馬県山田郡毛里田村とその周辺では，大正期以降，逆に鉱毒被害が増加したといわれます。さらに，数十年たった1971年に毛里田で収穫された米から基準値以上のカドミウムが検出されて出荷が停止される事態が起きました。

■水俣病

日本の代表的な公害病とされています。1950年代に熊本県八代海の水俣湾周辺の住民が最初の被害者として報告されました。水俣病はチッソ水俣工場（化学工場）からの排水に含まれていた有機水銀が魚介類の中に濃縮して蓄積し，これらを日常的に食べていた人に生じたメチル水銀中毒でした。公式には重い中毒症状の被害者だけを水俣病としてきま

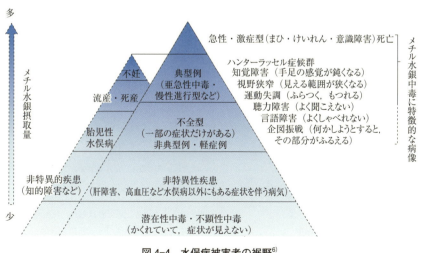

図4-4　水俣病被害者の裾野[6]

したが，図 4-4 のように中等度や軽い症状の人を含めると被害者は 20 万人（熊本学園大学の原田正純教授らによる）に及ぶとしています。

　水俣病の症状は，手足の先端の感覚障害，難聴，視野狭窄，震えなどを特徴とし，患者を診察してきた熊本大学医学部が，原因は新日本窒素肥料水俣工場の排水中のメチル水銀と発表したのは 1959 年でしたが，日本政府が正式に公害病と認定したのは 1968 年でした。この間，有効な対策が取られなかったため，被害はいっそう広がりました。水俣病では，公害の認定，裁判による補償実現，企業責任の明確化などにおける国や自治体の企業寄りの姿勢が，問題の解決を先のばしにすることになり，被害の全貌は未だ明確になっていないとされています。1960 年代には，新潟県阿賀野川流域でも水銀中毒が発生し，新潟水俣病とされました。

■石狩川パルプ汚染

　石狩川のパルプ廃液汚染は，北海道における水質汚濁を発端とした環境汚染に対する「公害闘争」として特記されます。国の政策として，その名も「国策パルプ工業株式会社旭川工場」が 1940 年につくられましたが，操業とともに石狩川と旭川市内を流れる支流・牛朱別川との合流点で川の色が濃い茶色に変わりました。汚濁の原因は当初から明らかで，パルプ製造過程で生じたいわゆる産業排水に，亜硫酸塩や二次的変化をもたらす溶解有機物質などの有害物質が含まれていたためです。このことは，工場が本格稼働する前の試運転段階の廃液でも，井戸水の変化や養魚池での魚の窒息死が観察されたということから確認されていました。汚れた河川水は，旭川市内から下流域の神居古潭，深川，江部乙などの空知北部に及び，この水を農業用水として利用していた約 1 万ヘクタールの稲作に深刻な被害が広がりました。（図（写真）4-5）

　地域の責任者たちが北海道庁への陳情とともに，国策パルプ，合同酒精の二社に廃液防

大正用水路の汚濁状況
（昭和 36 年，深川市）

浮遊物を除去するために設けられた沈澱池
（昭和 36 年）

図 4-5　1960 年代の石狩川汚染による影響[3]

除装置の完備を訴えました。対応として浮遊物を沈殿させる措置，水田の取水口に沈殿池を造成するなどの応急処置が取られましたが，一時しのぎの対策でしかなく，戦後の増産も加わって被害はさらに拡大しました。被害の拡大を受けて，流域の人たちによる直接・間接的な交渉，裁判闘争が展開され，1964 年に出された判決を境に改善の方向に進みました。パルプ汚染に対する流域住民の一連の取り組み，いわゆる公害闘争は，企業や政治行政の在り方に方針転換と認識の是正を求め，企業慣行や利潤を追求する企業活動より，社会環境整備が優先するという理念の確立に寄与したとされます。

4.1.3 飲料水の確保と安全性
（1） 飲料水の水質基準

濁った水を口にする人はいませんが，透明であっても水には，微量な元素から微生物まで，いろいろなものが含まれている可能性があります。有害なヒ素やカドミウムなどの重金属，コレラや腸チフスなどの病原微生物，トリハロメタンやベンツピレンなどの発がん性物質が含まれている場合もあります。有害なものを除いた水を「安全な水」としていますが，飲み水としての飲料水には，一定の量を毎日摂取してもからだに異常が起きないという安全性が求められます。都市は，安全な水を水道水として大量に供給するという基盤から成り立ち，水の安全性を確保するために水質基準が設けられています。

現在の水質（環境）基準は公害多発を機に，1971 年に制定されたものがほとんどですが，1993 年に環境庁（環境省）は水質環境基準を見直し，重金属や有害化学物質についての健康項目と，有機汚濁についての生活環境項目を設けました。健康項目については，水俣病などの反省から重金属を中心とした 9 項目の規制から，トリクロロエチレンなどの有機塩素系化合物やシマジンなどの農薬，硝酸性窒素などを新たに加え，26 項目へと増えました。同時に，重金属類の規制が強化されました。生活環境項目についても，海域における窒素とリンの環境基準が設定されました。同じく厚生省（厚生労働省）の水道水の水質基準も 34 年ぶりに改定され，かつては伝染病の予防のために大腸菌などの基準が中心でしたが，トリハロメタン類や有機溶剤，ゴルフ場で使用される農薬等に対応するものとなりました。さらに，2004 年から新しい水道水の水質基準が施行され，基準項目は 46 項目から 2015 年で 51 項目へと拡大整理されました。これらの水質基準は資料 1（巻末）を参照してください。

（2） 生活による汚染と高度処理

日本では，うまいといわれた水がおいしくなくなってきています。井戸水に代わって，安全でおいしい水を提供していたはずの水道水が，「カビ臭い」，「カルキ臭い」，「発がん性物質を含んでいるのでは」という問題などで評価は年毎に低下しています。水の汚染の主体が産業廃水から生活排水にシフトし，家畜による汚染が疑われる硝酸性窒素が増加するとともに，ヘアカラー剤，農薬など通常の処理法（急速ろ過法）では，浄化しきれないものが多くなってきました。また，上水の塩素処理はカルキ臭以外にも大きな問題をはら

んでいます。塩素が汚染された水に含まれる有機物と反応して発がん性ないしは変異原性のある有機塩素化合物を生成するという問題です。トリハロメタンなどは，原水の汚れの強度と塩素の量に比例して生成され，水源の汚れがひどくなると生成される量も多くなりますが，カビ臭，カルキ臭と異なり知覚しえないという性質を持ちます。

　そこで登場したのが「高度浄水処理」です。厚生労働省の「高度浄水施設導入ガイドライン」によると，「高度浄水施設とは，通常の浄水処理方法では十分対応できない臭気物質，トリハロメタン前駆物質，色素，アンモニア態窒素，陰イオン界面活性剤などの処理を目的として導入する活性炭処理施設，オゾン処理施設および生物処理施設を指すものとする」と定義されています。この方法は，急速ろ過法にオゾン・活性炭処理，生物処理を施して，想定外の問題を克服しようとする試みです。すでに，いくつかの自治体ではオゾン・活性炭方式が採用されています。しかし，多額な費用をかけて飲料水以外に使用されることが多い水道水の高度処理を大量にすべきかどうかは議論のあるところであり，水源を汚さないことが第一の対策となります。

4.2　大気の保全と健康
4.2.1　大気の組成と汚染

　近代産業が急速に発展する前は，人の生産活動，物の燃焼，発酵，腐敗，火山活動によるガス排出などで，空気はその組成を変えてきましたが，① 大きな希釈力，② 降雨による溶解性ガスや浮遊粉じんの洗浄，③ O_2 や O_3 による酸化作用，④ 日光紫外線による殺菌浄化作用，⑤ 植物による炭酸同化作用などによる空気の自浄作用により調節され，組成（表4-1）は一定に保たれて大きな差異をきたすことはありませんでした。しかし，近年の人の生産活動は自然の浄化能力をはるかに超えて大気の組成を変えつつあります。

表4-1　空気の組成

	0℃・乾燥状態	25℃・湿状態
O_2	20.95%	20.07%
N_2	78.08	75.70
CO_2	0.035	0.03
Ar	0.93	0.03
H_2O	0	3.10
計	100	100

　大気汚染は広義では，地球表面の大気圏に通常に存在する空気中の諸成分の異常変化および異常成分の限度を超えた増加等を意味します。狭義では，人の社会活動において，化石燃料（石炭，石油）などの燃焼ガス，アスベストなどの有害物質が，地域社会の大気中に拡散・浮遊することによる汚染，および工業，商業，交通，発電などに由来する正常空気成分以外の物質によって生体障害が引き起こされる，または懸念されることを意味しま

す。

　空気中に放出された汚染物質は、ガス、蒸気、ミスト（液体の粒子）、フューム（金層の粒子）などの性状を持ち、形態的には粉じん（ダスト）、細砂（グリット）、煤煙（スモーク）などと呼ばれる粒子状物質も含みます。大気汚染物の大部分（98％）は燃焼に由来する硫黄酸化物、窒素酸化物、一酸化炭素、炭化水素、粒子状物質とされ、地域の特性によってそれらの比率は異なりますが、一般に全放出量の中で一酸化炭素が最も多いといわれています。

　また、大気汚染はタイプとして、還元型と酸化型に分けられます。前者はいわゆるロンドン型の亜硫酸ガスおよび煤煙を主とするもので、後者はいわゆるロスアンゼルス型の光化学大気汚染です。前者は化石燃料の燃焼による亜硫酸ガス、硫酸塩、煤煙等などが原因であり、後者は自動車排気ガスの光化学反応物に関係する窒素酸化物、炭化水素、光化学オキシダントなどが原因で、一酸化炭素は両者に関係します。

　現在のロンドンの大気は非常に清浄ですが、石炭時代のこの汚染が大気汚染問題の原点となり、健康影響との関係で当時、詳細な研究がなされ呼吸器疾患との因果関係が明確にされました。（図4-6）

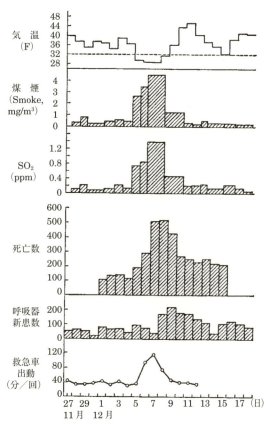

図4-6　1950年代のロンドンの大気汚染と人への影響（1952年2月）

4.2.2　日本における大気汚染と健康被害

　日本の大気汚染の歴史は，明治政府の殖産興業政策時代から始まったとされます。日本の大気汚染は，その近代化の歴史の中で幾度かの時代の節目をへつつ態様を変えてきました。第二次世界大戦後，他国に類のない経済発展をとげた日本は，四日市ぜん息問題に顕れた健康被害を経験することとなり，大気汚染が大きな社会問題となりました。

　三重県四日市市は，1960（昭和35）年時点で人口約20万人，日本の石油化学工業生産額の1/4を占めていました。1960年頃から大規模な石油コンビナートの操業が始まり，翌1961年頃からぜん息様の症状を訴える住民が現れるようになり，1963年6月頃に至ってその訴えが急増しました。

　当時の四日市の大気汚染は，塩浜地区のコンビナート稼動（1960年）に引き続いて午起地区のコンビナートが稼動を始めた1963〜1964年頃に最悪の状態を示しました。当時四日市で使用された重油の硫黄含有量は3％前後であり，年間の硫黄酸化物排出量は13〜14万トン（SO_2換算）と見積もられました。1964年の二酸化硫黄（SO_2）濃度は磯津地区で，1時間値では全測定時間の3％が0.5ppmを超え，時には1時間値の現行環境基準値0.1ppmの10倍である1ppmを超えたり，検出限度2.5ppm測定器の針が振り切れたりすることさえあり，同地区の1964年のSO_2濃度の年平均値は0.075ppm（現行環境基準の概ね4倍弱に相当）であったとのことです。同規模で，大気汚染のない都市（非汚染地域）で発生するぜん息患者数と四日市市の汚染地域で発生した患者数を比較すると（統計学的に）明らかに差があり，この違いは，二酸化硫黄（SO_2）などによる汚染が原因とされました。

　これらの問題に対処するため，1967年の公害対策基本法をはじめとする環境法が整備され，公害の克服に相当な成果をあげました。近年では，都市・生活型公害や地球環境問題などの新たな環境問題が顕在化してきたことから，1993年（平成5年）に，地球環境時代にふさわしい新しい枠組みとして，環境基本法が制定され，これに基づき，官民一体となって施策を講じるための環境基本計画が策定されました。

4.2.3　汚染物質の健康影響と発生源対策

　先進工業国は毎年，何10億トンもの廃棄物を放出しています。そのうち，最も広域に見られる代表的な大気汚染物質は，硫黄酸化物（SOx），窒素酸化物（NOx），浮遊粒子状物質です。濃度は，空気$1m^3$に含まれる汚染物質の重量で表すか，気体についてはppm（100万分率）で示される容量比で表します。汚染物質の多くは，その発生源を直接，または間接的に推定することができます。例えば，二酸化硫黄は石炭や石油を用いる工場や火力発電所などから排出され，窒素酸化物は自動車排気ガスや家庭のコンロなど燃焼時に酸素と窒素が反応して必然的に排出されます。

（1）　硫黄酸化物（SOx），窒素酸化物（NOx）の生体影響

　硫黄酸化物の主成分はSO_2で亜硫酸ガスとも呼ばれます。SO_2は水分の存在によって

強い酸として作用し，粘膜，皮膚などを刺激し，眼，上気道，肺などに炎症を起こさせ，ぜん息を引き起こします。窒素酸化物には，酸化窒素（NO）と二酸化窒素（NO_2）があり，NO は刺激性のない無色無臭の気体ですが，高濃度で暴露すると中枢神経が侵され麻痺やけいれんを起こし，NO_2 は赤褐色，刺激性の気体で毒性が強く，動物に対する致死量は 100ppm とされています。

これらのガスと健康影響は濃度と相関しますが，自然界での濃度は気象や地形の状態によって異なります。汚染物質の濃度は，拡散や空気の対流によって減少しますが，これらは気温，湿度，風速，気圧の動きといった気象条件，そして山や谷，平野などの地形との相互関係によって変化します。一般に，気温は高度が高くなるにしたがって低くなりますが，空気の冷たい層が温かい層の下で安定し，気温の逆転が起こると拡散は阻害され，汚染物質は地表近くに漂います。この逆転現象が長く続くと思わぬ被害が起こります。

高濃度の影響は実験的に検証が可能です。しかし，低濃度の汚染で長期間さらされることによって受ける影響を正確に記述することは難しく，調査結果に基づき，濃度とさらされる時間および統計的に推定される影響域（図 4-7）で示すことが妥当とされます。当然のことながら，年齢や体質，住居環境によっても汚染物質の影響の度合いは異なり，健康を強くおびやかされるのは幼児や老人，心臓疾患や肺疾患を持つ人たちとなります。なお，日本における主要な汚染物質の環境基準は，資料 2（巻末）のようになっています。

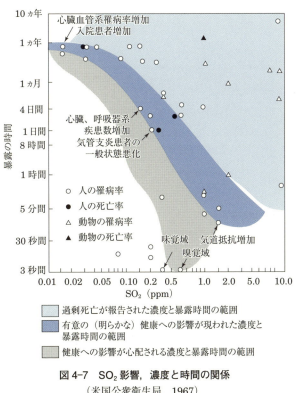

図 4-7　SO_2 影響，濃度と時間の関係
（米国公衆衛生局，1967）

（2）浮遊粒子状物質：SPM（粉じん，PM2.5）の生体影響

浮遊粒子状物質は，呼吸器から入り肺に沈着して作用します。作用の度合には，粒子の大きさ，数，溶解性が関係します。問題となる微粒子粉じんについては，沈着率から予想される粒径がまず注目されます。$10\mu m$（$10^{-6}m$）以上の粉じんは，大きくて肺胞に達することはなく，$10\sim 5\mu m$ でもほとんど上気道に留まり体外に出されます。肺胞に達するのは $5\mu m$ 以下のものであり，$1\mu m$ 前後の粒子の沈着率がもっとも高く，97％に及ぶとされます。これより小さくなると 65〜34％が呼出されます。次に，鉛を含むような中毒性粉じんでは，必ずしも肺胞に達することがなくても，上気道で体内に取り込まれて作用することが知られています。さらに，ディーゼルエンジンから排出される黒煙は，ベンツピレンなどの発がん性物質を含み，ぜん息や花粉症などのアレルギーを増悪させるとしています。

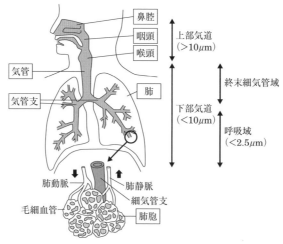

図 4-8　粒径と肺への沈着
（資源環境対策 Vol.47，No.11，2011）

アスベスト禍

SPM の中で，アスベストのような安定した針状の結晶物質は，体内にいったん取り込まれると体外に排出されることなく（青石綿は，より細く長いため有害性が強い），数十年という長い潜伏期を経て中皮腫という特有な肺がんを発生させることが確認され，使用総量に相関してがんが発生すると推定されています。

ヨーロッパでは，危険性が指摘されてから速やかに使用が禁止されましたが，日本では，対応が遅れ，近年になって取扱い作業者ばかりでなく，工場周辺の住民にも中皮腫が見つかり，損害賠償を訴える裁判が展開されました。アスベストの健康被害をめぐって，最高裁判所が国の責任を認定したことで，幅広い対応と救済が進められることになりましたが，アスベストに起因するとされる労働災害認定者は年間 1,000 人を超え，被害のピー

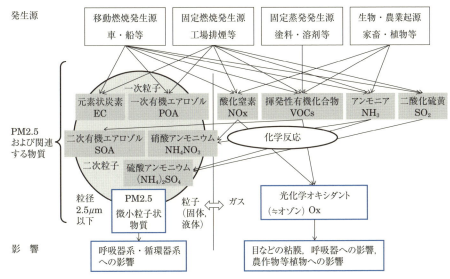

図 4-9　PM2.5 の発生源と関連する物質
(国立環境研究所ニュース, Vol.32, No.4, 2013)

クは 2030 年と推計されています。

PM2.5

最近の疫学調査から PM2.5 とされる 2.5μm 以下の空中浮遊微粒子が大きな健康影響を人にもたらすと指摘されています。近年注目されている PM2.5 問題は、大陸から飛来するものに関心が寄せられていますが、PM2.5 とその前駆物質の発生源はどこにでもあります。

(3) 汚染物質の複合影響

空気中に複数の有害物質が漂う場合は、相互に影響を及ぼして有害な作用を強めたり、一定の条件下では複雑な連鎖反応が生じたりします。図 4-10 は、エアロゾールと降下煤塵および SO_2 が単独で存在する場合と複合して存在した場合の作用を示したもので、影響の相乗効果が観察されています。

自動車や工場などから排出される大気汚染物質が強い太陽の紫外線や空気中の O_2 の影響をうけ、新しい複雑で有害な物質を生成します (図 4-9)。これを光化学反応とよんでいます。大気中の O_2 に太陽紫外線があたると原子状の酸素ができ、分子状の酸素と反応しオゾン (O_3) ができます。O_3 が自動車排気ガスの炭化水素 (HC) と反応するとアルデヒド (R-CHO) という刺激性のある物質をつくり、NO や NO_2 も加わり、徐々に複雑な化合物をつくり、PAN (4-オキシアセチルナイトレイト・RCO_3NO_2) ができます。O_3, NO_2, R-CHO, PAN などの酸化力の強い物質を総称してオキシダント (強酸化剤) といい、オキシダントは刺激性のガスで、亜硫酸ガス、水蒸気とともに光化学スモッグを形成し、目やのどを刺激したり、植物に被害を与えたりします。

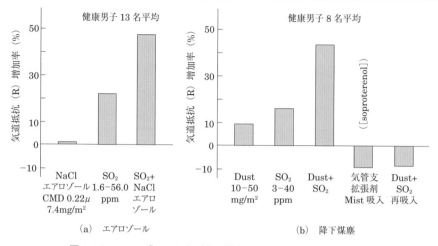

図4-10 エアロゾールおよび降下煤塵と SO_2 の相乗作用（外山）

（4）発生源対策

　大気汚染物質の多くは，経済規模の拡大に伴う石炭，石油，ガソリンの燃焼によって発生します。世界的にもっとも汚染物質を排出しているアメリカ合衆国では，二酸化硫黄の80％以上，窒素酸化物の50％，粒子状物質の30～40％は，化石燃料を使う火力発電所，工場のボイラー，家庭の暖房設備から放出され，一酸化炭素の80％と窒素酸化物および炭化水素の40％は，乗用車やトラックのガソリンや軽油の燃焼によって発生していると推計されています。その他の主な発生源には，製鉄工場や製鋼工場，亜鉛や鉛や銅の製錬所，公共の焼却炉，石油精製所，セメント工場，硫酸や硝酸の生産工場があります。これらによる大気汚染の防止には，危険な物質を使う前にそれを取り除く方法，汚染物質が生じた後に取り除く方法，あるいは汚染物質が発生しないように，またはほんのわずかしか生じないように操作の過程を替える方法がありますが，予防処置を含め法的に規制，またはガイドラインを整備するのがもっとも有効とされています。

　人類の生存基盤である環境を保全し，地球環境問題や大気汚染問題を含む幅広い今日の環境問題に対処するためには，「循環」，「共生」，「参加」，「国際的取組」の4つの原則に基づいて，環境問題に対する国民的合意，環境基本法に基づく施策体系の整備，それにふさわしい行政組織の改編などの新しい環境保全システムの構築が必要となります。また，世界は，アジア地域など急速な工業化を遂げつつある諸国を中心に，ますます経済活動の規模が拡大しています。それに伴って，交通需要は増大し，窒素酸化物や二酸化炭素等の大気汚染物質の排出量が増大することが予想されます。こうした問題に対処するために，大気汚染の現状と対策に対する理解を深め，協力して，ひとりひとりができることから取り組んでいく必要があります。

参考図書・文献

1）日本分析化学会北海道支部編：水の分析，化学同人（2005）
2）林　俊郎：水と健康―狼少年にご注意―，日本評論社（2004）
3）北海道農業近代化技術研究センター：語り継ぐ大地の詩，研究センター（2003）
4）坂本　清・堀口美恵子：新版新しい栄養学，三共出版（2001）
5）西村　肇・岡本達明：水俣病の科学，日本評論社（2001）
6）水俣展総合パンフレット：水俣展，水俣フォーラム（1999）
7）都築俊文他：水と水質汚染，三共出版（1996）
8）齋藤和雄，上田直利：新しい環境衛生，改訂第6版，p.28，南江堂（1995）
9）藤原元典・渡辺厳一編：総合衛生公衆衛生学，南山堂（1978）

5 リスク評価とリスクマネジメント

　ある医薬品や食品添加物が通常の使用において，有害であることが明らかになった場合は，使用と製造を中止することによって生体に対する影響を小さくすることができます。しかし，環境汚染や環境の変化に起因する有害作用の場合，汚染物質を完全に取り除いたり，ストレス要因を排除したりすることは不可能です。有害なものを完全に排除することが現実的に不可能な場合，許容量を定めて有害な作用を及ぼさないように抑制することが重要となります。例えば，ダイオキシン類のような意図的につくられたのではなく，ごみや有機物などの焼却時に生成する場合，完全に排除することは困難です。有害性を確認し，どの程度までなら生物種に大きな影響を及ぼすことなく，許容されるのかを統一的に評価，判断することが求められます。

　近年，なくすことができない危険性に対して許容範囲を求めるための現実的な評価を行うためにリスクという言葉が用いられています。リスクという言葉には，不確実性（uncertainty），蓋然性（probability），可能性（possibility），機会（chance）という意味が含まれますが，発がん性物質の安全性を評価しようという試みの中で発展してきた概念です。ある物質の有害な影響を確認し，望ましくない結果が起こる可能性を予測し，効果的な対策を立てて生命と健康を守って行こうとするものです。

表5-1　日常におけるリスク（可能性の確率）

有害な作用	年間リスク	不確定性
自動車事故	2.4×10^{-4}	10%
感電事故	5.3×10^{-6}	5%
大気汚染（米国東部）	2×10^{-4}	係数20
がん	2.8×10^{-3}	10%
飲料水中のクロロホルム	6×10^{-7}	係数10
飲料水中のトリクロロエチレン	2×10^{-9}	係数10
登山	6×10^{-4}	50%

（Wilson & Crouch, 1987）

5.1　日常生活におけるリスク

　私たちは，表5-1に示されるように，日常生活の中でいろいろなリスクに遭遇する可能性をいだきながら生活しています。この表の「がん」による死亡リスクの場合，2.8×10^{-3}，つまり1年間に1,000人中2.8人が死亡する確率として表現されます。また，リスクの概念には，不確実性という性質があり，人の一生涯における発がんのリスクが10%という場合，全人口の10分の1の人が生涯において「がん」を患うことを意味しています。大気汚染の場合，どのような地域に住んでいるかで影響度に20倍の開き（係数）が

生じることになります。ただし，生活の中で私たちは無意識のうちにもリスクを評価し，最小限にしようと努め，また社会もそのことを求めていますが，実証的に進める必要があります。

リスクを評価するためには，まずリスクの内容を明らかにしなければいけません。リスクの内容が明らかになれば，次にそのリスクがどれだけ大きいかを知ることが必要になります。リスクに関する知識は日常の経験やメディア，各種報告書から得られますが，そのリスクに出会う確率を小さくするための公的な対策においては，そのときの最高レベルの科学的成果に基づいて低減策を探ることが求められます。

5.2　環境汚染のリスク

環境汚染によるリスクは，3つのタイプに分けることができます。図5-1にダイオキシン類によるリスクを示します。ダイオキシン類の生体影響は，種類や生物種によって大きく異なりますが，最も強い毒性を有する2,3,7,8-四塩化ジベンゾ-パラ-ジオキシン（2,3,7,8-TCDD）を想定しています。2,3,7,8-TCDDは，サリンよりも強い神経毒と変異原（発がん性）性を有し，さらに低濃度で生殖障害（環境ホルモン）作用を持つことで知られています。影響の認識には，類推による予測や可能性，潜在的なリスクを含みますが，3つのリスクは相互に連関しています。なお，ダイオキシン類の毒性の強さを示すときは，2,3,7,8-TCDDの量に換算し，毒性等量（TEQ：Toxicity Equivalency Quantity）で表し，環境基準や排出基準は，これに換算した量で決められています。

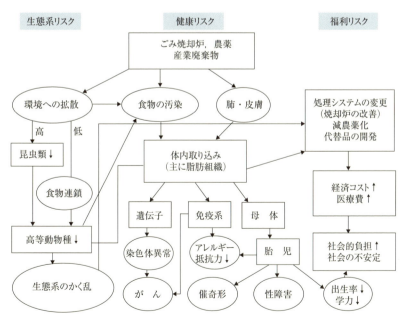

図5-1　ダイオキシン類によるリスク

環境と人の相互関係

また，ダイオキシンは物質として，以下の性質を知っておく必要があります。
- 常温では白色の粉状の物質（固体）。
- 常温では，気体になって蒸発することが少ない。
- 水にはほとんど溶けない。
- 196〜485度の高温で溶ける。
- 2,3,7,8-TCDDは750度以上にならないと分解しない。
- 酸やアルカリにも分解されにくい。
- 自然環境の中で，微生物によってもほとんど分解されない。
- 脂肪によく溶け，人間の身体に入ったダイオキシン類は，主に脂肪組織の中に蓄積する。

（1）健康リスク

ダイオキシン類の約85％は食物を介して摂取され，その他は呼吸を通して大気から人体に取り込まれると推定されています。食物からの内訳は，魚類が約65％，乳製品が約10％，肉類が約10％，野菜類が約5％，その他が約10％と見積もられています。厚生労働省の2000年度の実態調査によると，ふつうの食生活で1日に摂取するダイオキシン類の推定量は，体重1kg当たり1.45pg（ピコグラム：1兆分の1g）となっています。

体内に取り込まれたダイオキシン類は，図5-2のコンパートメントモデルに従えば，血液循環を通じて全身に運ばれますが，ほ乳類では，主に肝臓と脂肪組織に蓄積され，体内からの消失速度が遅く，消失半減期は6〜11年と推定されています。その結果，高等動物の体内でのダイオキシン類の濃度は加齢とともに増加する傾向が見られます。ダイオキシン類の摂取による発がん性，生殖毒性，免疫毒性などの慢性的影響については動物実験などにより明らかにされつつあります。

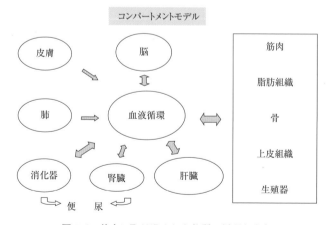

図5-2　体内に取り込まれた物質の循環と分布

ダイオキシン類は，女性ホルモン類似（環境ホルモン）作用の他，甲状腺ホルモンと類似の構造を持つため，ホルモンによって誘導される代謝が比較的低用量で影響を受けま

す。甲状腺ホルモンは脳の発生・分化に重要な役割を果たし，このホルモンの欠如や過剰が発生段階で生じると不可逆的な中枢神経系への影響が生じます。脳の発生分化過程におけるサイロキシン（T4）作用のかく乱は，脳の形成阻害を引き起こす可能性があります。また，ダイオキシン類による免疫系への毒性としては，胸腺の萎縮が認められ，T細胞を中心とする免疫システムの機能低下が懸念されます。

また，特に心配されるのは胎児や乳児への影響です。乳児は母体に蓄積されたダイオキシンを母乳を通じて比較的高濃度で摂取することが確認されています。高齢出産の場合ほどダイオキシン濃度が高いと予想されます。1999年8月，厚生省（現，厚生労働省）の研究班が98年度の全国21地域における「母乳中のダイオキシン類に関する調査」調査報告で，出産後30日目の母乳に含まれるダイオキシン類の量は，母乳100g当たりの全国平均は86.3pgで，乳児の1日当たりの摂取量は体重1kg当たり103.65pgに達していました。この値は減少傾向にあり，直ちに問題が生じる濃度ではなく，乳児にとってはデメリットより母乳を摂ることによるメリットの方が大きいとしました。

（2） 生態系リスク

自然生態系への拡散は，人の健康影響に直接結びつくものではありませんが，人も生態系の一部である以上，かく乱させたリスクを結果的に受けることになります。

ごみ焼却炉などの発生源より排出されたダイオキシン類は高温の気体として大気中に放出され，温度低下とともに微粒子となって浮遊しながら広範囲に拡散して徐々に降下し，土壌の表面や植物，農作物などに付着します。川や海に到達したダイオキシン類は，水には溶けにくい性質のため，他の大きな微粒子に付着した状態のままで水中に存在し，沈積物，土壌中の微生物やミミズ，水中のプランクトンなどを介して食物連鎖系に入り，生物濃縮をへて，食物連鎖の上位にいる動物に取り込まれます。この間に，生物種に変化をきたし，優占種が変化することもあります。特に，昆虫類の盛衰は，鳥類の繁殖，植物の受粉，害虫の大量発生と関連します。また，食物連鎖を通じて，何万倍にも濃縮されたダイオキシン類は食物連鎖の頂点に位置する動物に許容量を超えて摂取される可能性があり，生態系の変化が不可避となります。

（3） 福利リスク

福利リスクは，自然資源，土地や農作物の損害，余暇や福祉活動，経済活動への影響などであり，美観や公共活動の損失が含まれます。指標としては，多くの場合，経済的な損失として換算，評価されます。

予想される結果を回避する対策として行われる，古い焼却炉から最新の焼却炉への転換，環境に負荷を与えない農薬の開発，焼却によってもダイオキシン類の発生しない原材料の開発などは，多大のコスト負担となります。発がん，生殖毒性，免疫傷害などの慢性的影響は，医療費の負担増としてはね返ってきます。ダイオキシン類が，脳神経細胞のシナプス形成を阻害して発達障害を増加させ，コミュニティーの相対的な学習低下を引き起こした場合には，少子化とも連動して社会の不安定要因になります。

環境と人の相互関係

このように考えると，福利リスクは単純に経済的損失で換算できるものではなく，福利基準というような価値基準の設定が求められます。

5.3 安全管理の手法

化学物質による慢性的影響がどのように現れるかは，1日当たりの曝露量と同時に，血中濃度や体内に存在する量（体内負荷量）に依存します。ダイオキシン類のように，体内に蓄積され，動物種によって体内からの消失半減期に大きな差がある化学物質の場合には，動物実験での投与量や摂取量をそのまま人にあてはめることはできません。近年の考え方として，投与量ではなく，体内負荷量に着目し，動物で毒性が生じる体内負荷量を実験的に求め，人の場合にどの程度の量を継続的に摂取すれば，動物実験でえられた体内負荷量に達するかを求めることが必要になってきます。

また，遺伝子レベルの検討も重要になります。ネズミには，ダイオキシンに対して抵抗性の強いネズミと，抵抗性の弱いネズミがいます。ダイオキシンは細胞質に入ってアリール炭化水素受容体（Ah レセプター）に結合することによって毒性を現すことが明らかになってきました。抵抗力の強いネズミは Ah レセプターとの結合力が弱いことが示され，人はどちらかというと抵抗力の強いネズミと同じ構造の Ah レセプター（同じタイプの遺伝子）を持っていることから，ダイオキシン類への抵抗性が比較的高いのではないかと考えられています。

いずれにしても，特性を明らかにして図 5-3 のような流れでコミュニケーションを十分にとって安全管理を図ることが勧められています。

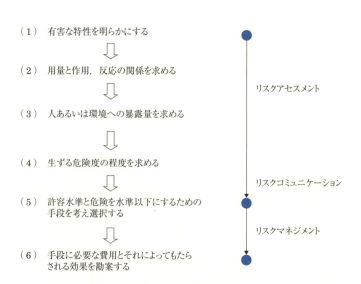

図 5-3　有害物質の安全管理の手法

5.4 リスクアセスメントにおける影響把握

リスクアセスメントには risk estimation（リスク推定）と risk evaluation（リスク評価）の側面があります。また，リスクを危険ととらえたときは定性的な意味合いを与え，危険度としたときは定量的な意味合いを与えます。したがって，リスクアセスメントは，定性的リスクアセスメントと定量的リスクアセスメントに分けて理解する必要があります。

定性的リスクアセスメントは，ある化学物質の健康への影響などに関する実験結果や疫学調査から，危険性の確認を行なうことです。そのためには，一般毒性，発がん性，催奇形性，生殖毒性など，その化学物質の有害プロファイルを明らかにしたり，どのように代謝されたりするのかなど，定性的なデータを得る必要があります。定性的データの検討にあたっては，からだに必要な成分も常識を越えた摂取においては，有害に作用する場合が多いことを考慮する必要があります。

定量的リスクアセスメントは，曝露量あるいは用量と健康影響（反応）との量的な関係を明らかにすることを意味しています。図5-4のように，量（濃度）－反応（影響）関係には，低濃度から高濃度まで直線関係として示すことができる場合とS字（シグモイド）型の関係で示すことができる場合があります。発がん性物質や放射線の影響は直線関係を示し，一般的に知られている毒物の多くはS字型曲線を示すとされています。

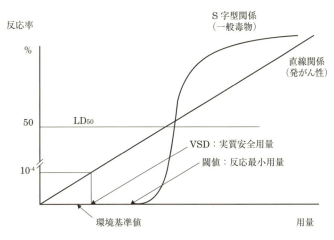

図5-4　用量（濃度）－反応（影響）関係の模式図

一般毒物では，ある量まで生体の反応が認められない場合には，その反応が認められる最小用量を閾値（Threshold Value）と呼び，閾値以下では生体への影響がないことを意味します。最も感受性の高い動物を用いた実験結果や，疫学データの最小無作用レベル（No Observable Effect Lebe1; NOEL）から閾値は数値化されますが，水俣病のように影響をどのようにとらえるかによって値が変化する場合があります。

通常，化学物質や薬物の毒性は LD_{50}（半数致死量）または CD_{50}（半数けいれん量）を用いて表しますが，発がん性を示す影響の単位としては高すぎて適当とされません。そこで，発生率が 10^{-6}（100万分の1）程度であるならば，実質的には安全な濃度（Virtually Safe Dose；VSD）と見なすことができるとした考えが出され，VSDが近年用いられています。VSDは生涯をも考慮に入れたもので，発がん性物質の場合，1億人の人が80年間摂取した場合，毎年 1.25〔$1 \times 10^8 \times 10^{-6} \times 1/80$〕人が発がんすることを意味しています。

5.5 研究・リスクアセスメントに基づく対策

一般に，危機管理は，①危険性の感知，②問題の解析，③有効な対策，④再発防止という流れになります。健康影響に関するリスクについては，どのようなリスクも存在します。予想されるイベントのリスクを評価し，影響を軽減するためには，図5-5のように，幅広い角度からの研究に基づくアセスメントを行い，有効な対策を講じる（マネジメント）必要があります。

環境中で生体に蓄積される化学物質については，調査を通して人を含めた生物試料中の濃度を測定することによって影響を推定できることもあります。しかし，蓄積性を示さない化学物質については，過去を含めて，大気や水，食物など環境中の濃度から曝露量を推定せざるを得ず，不確実性が伴います。ある化学物質を特定の集団がより多く曝露されている場合や，曝露量が同じであってもスモンのようにキノホルム薬物に対する感受性が高い，ハイリスク（遺伝）集団が存在することに注意を向ける必要があります。逆に，発が

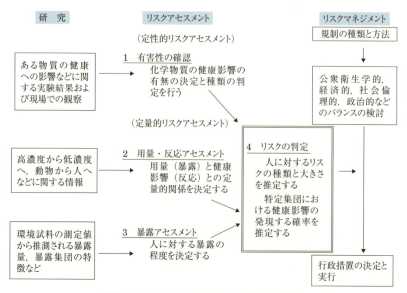

図5-5　リスクアセスメントに基づく対策
（環境庁，化学物質調査検討会リスクアセスメント分科会，1987）

ん性に関するものでイニシエーター作用を持つ発がん物質については，用量−反応関係に域値が存在しない直線型のモデルとして扱う必要があります。

　人工的な化学物質が人間の生活に大きな利便をもたらしていることは疑いの余地がありません。地球上の人口が増加する中で，生活レベルを維持・向上させるにあたっては，対策にも制約が生じます。予測されていなかったリスクが生じる場合もあります。利便とリスクのバランスをどこに取るかは，政治的あるいは行政的な判断に左右されます。しかし，最終的には状況を理解した人の心理的な判断が決定要因となり，リスクアセスメントからリスクコミュニケーション，リスクマネジメント段階に大きな影響を与えます。

参考図書・文献

1）渡辺紀元他編：環境の理解，地球環境と人間生活，三共出版（2006）
2）宮原裕一・遠山千春：ダイオキシン類の内分泌攪乱作用と毒性，月刊エコインダストリー，4（8）（2000）
3）小泉明・村上正孝編：環境保健入門，からだの科学増刊，日本評論社（1990）
4）宮田秀明：よくわかるダイオキシン汚染，合同出版（1989）

環境の変化と感染症の拡大

6 生体防御と免疫システム

われわれのまわりには，無数のウイルス，細菌，真菌が群れをなし，それらは空気，水，土，保有生物を介してわれわれのからだに侵入し，増殖する機会をうかがっています。すなわち，われわれのからだは，常に微生物による感染の危険にさらされていますが，侵入した大部分の有害な微生物はすみやかに排除されます。このようなことは日常意識されることなく営まれています。感染症を含む外界のストレスから自分のからだを守る複数の機構を発達させてきたためです。からだを守る機構は大きく非特異的機構と特異的防御機構（狭義の免疫）とに分けられます。本項では，これらの概略と免疫システムについて整理します。

6.1 生体の非特異的な防御機構

私たちの周囲の環境には微生物が充満しています。唾液中には 1mL 当たり 100 万個程の細菌が存在し高齢者では肺炎の原因になります。図 6-1 のように，体内に侵入してくる微生物に対してからだは種々の防御機構を発達させてきました。

気管，気管支の表面は粘液で覆われ，それは繊毛細胞の運動により常に口に向かって流れていて，侵入した微生物は粘液に捕らわれ口腔に向かって移動し喀痰になり排泄されます。仮に，微生物が肺胞に達しても肺胞マクロファージという白血球によって捕食殺菌されます。

腸管には多数の細菌が侵入してきますが，接する組織には白血球が充満していて侵入した微生物を殺菌し，腸管を保持する腸間膜にはリンパ節が多数分布し侵入微生物を阻止します。さらに腸管を経由した血液は門脈によって肝臓に流れ込みますが，ここにもマクロファージが多数存在していて血中に取り込まれる前に微生物を殺菌します。また，腸内には糞便の乾燥重量の半分が細菌残渣といわれるほど細菌に満ちています。最近の研究で，

環境の変化と感染症の拡大

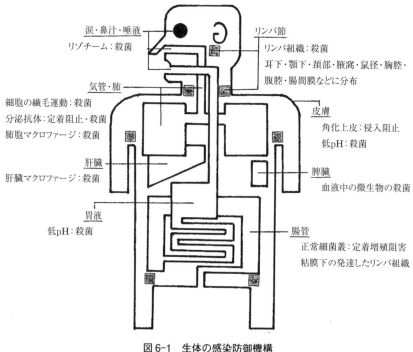

図 6-1　生体の感染防御機構

IgA 抗体は，共生する有用な菌類は取り込み，それ以外の微生物の侵入を阻止していることが明らかにされています。

　皮膚は角化した上皮細胞が厚く重なって外界からの微生物の侵入を阻んでいます。さらに，皮脂腺から分泌された脂肪は表皮細菌により分解されて乳酸，酪酸などの脂肪酸となり，殺菌環境（弱酸性）を形成しています。血液，涙，鼻汁，唾液などにはリゾチームという酵素が存在し，単独または抗体グロブリンと共同して強い殺菌作用を示しています。

6.2　免疫システム（特異的生体防御）の発見

　上記の防御機構に加えて，私たちのからだには特異的な免疫システムが存在しています。一般に，免疫とは疫（伝染病）から免れるということで，古くから経験的に，ペスト，麻疹，風疹などの感染症には一度感染し，回復すると多くの場合，再び発病することがないという事実から知られていました。しかし，この免疫の機構が科学的に解明されてきたのは最近のことです。

　中でも免疫応答という現象は，単に病原体を目的としたものではなく身体が自己と非自己を区別し，非自己を排除して自分を守るための働きであることが明らかにされました。表 6-1 に非自己となる主なものを示します。非自己を識別して免疫応答を示すのは補体や抗体と呼ばれる血液中のタンパク質と赤血球と同様に骨髄の幹細胞から特殊に分化した種々の免疫担当細胞です。

表6-1 非自己と見なされる主なもの

微生物	ウイルス，リケッチア，細菌，カビ，寄生虫
自己の細胞組織	体内に生じた変異細胞，働きを失った細胞，傷を受けた細胞，有害微生物に感染した細胞
アレルゲン	昆虫の毒，花粉，ほこり，ダニの糞，動物の毛
そのほか	未分解の栄養素，移植された組織，輸血された血液抗血清，血液製剤

　従来，免疫は補体や抗体の働きを中心とした体液性免疫と免疫細胞の働きを中心とした細胞性免疫に分けて説明されてきましたが，免疫細胞は，化学分子を標識や言語として互いに情報の授受を行い，抗体の産生を促すなど，システマティックに働き，効果的に非自己を排除していることが明らかにされてきました。その一端を図6-2に示すウイルスに対する防御を例に解説します。

6.3　有害微生物との戦い

　ウイルスなどは細胞に侵入①すると，侵入した細胞の成分を利用して数百の新しいウイルスを製造し，細胞からはじけ出し，他の細胞を攻撃します。一般に，筋肉，内臓を構成する細胞，組織自体は防御手段を持たないため細胞は自分自身でウイルスの侵入を防ぐことができません。しかし，血流中には補体タンパク質と種々の免疫担当細胞が存在し，常に監視を行っています。その中で初期に最も活躍するのは補体と食細胞と呼ばれるマクロファージです。

　補体は約20種のタンパク質の複合体からなり，反応の産物が次の反応の触媒として働く連鎖反応系を形成しています。細菌などの非自己が体内に侵入すると補体成分は非特異的にすみやかに微生物の表面に次々と結合②し，一種の複合体を形成します。この作用によって，微生物の活動は弱められ，また，補体と結合した非自己はマクロファージに認

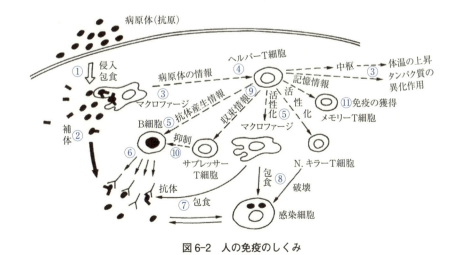

図6-2　人の免疫のしくみ

識され,容易に取り込まれて消化されます。

　一方,マクロファージは侵入初期の微生物と遭遇した場合,それらの増殖を押さえ,さらに,ウイルスなどに感染した細胞を飲み込み破壊してしまいます。しかしながら,感染がある程度進行した段階では微生物の増殖と細胞破壊のスピードに追いつくことができません。このときマクロファージはある種の物質を放出③して非自己の存在を他の免疫細胞に伝えます。このマクロファージの信号に機敏に応えるのが胸腺で成熟するT細胞です。

　T細胞は,ヘルパーT,サプレッサーT,サイトカイン産生,キラーT,その他のT細胞と5つに分類されますが,まず,中心的な働きをするのはヘルパーT細胞です。これらのT細胞④は,感染初期に活躍するマクロファージより放出されるインターロイキン1という物質によって活性化を受け,T細胞はインターロイキン2という物質を放出して,血液中の他のマクロファージの集合をうながすと同時に,自らの機能を高めるとされています。感染部に到着したヘルパーT細胞は侵入微生物の一部であるタンパク質を化学的標識としてこれを同定し,近くのリンパ節に移動し2つの重要な働きを行います。1つはウイルスまたはウイルスに感染した細胞のみを特異的に攻撃するキラーT細胞の増殖⑤をうながすことであり,もう1つは抗体産生をになうB細胞⑤を刺激して,増殖させることです。もちろんこのキラーT細胞,B細胞がつくる抗体の目的物(抗原)となるのはヘルパーT細胞が同定したウイルスのタンパク質です。十分量の抗体が産生されるためには数日かかるとされますが,抗体⑥は極めて有効な化学兵器となり,さらに抗体は補体と協調していっそう強固にウイルスを破壊します。

6.4　免疫の獲得をめぐるシステムの役割

　このような働き⑦⑧は破壊された細胞や非自己成分の破片が一掃されるまで続けられますが,それらが排除された後⑨は,サプレッサーT細胞の働きを受け,活動は低下または停止⑩します。活動が停止した後は,その非自己に対するメモリーT細胞⑪,B細胞が残され,再侵入に際してはすばやく対応できる体制が半永久的に残されます。

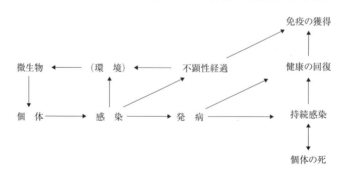

図6-3　感染と免疫獲得の経過

　図6-3のように個体が病原性の微生物の侵入を受け,発病した場合は宿主の死もあり

えます。インフルエンザなどに罹患したとき，発熱，からだのだるさは誰もが経験することですが，発熱に加えて行動抑制，摂食抑制，徐波睡眠の増加，痛覚過敏など，まさに病気とされる種々の生体反応が生じます。高熱によってこれらはもたらされるとされますが，ウイルスに対する防衛は全身に及び，多大のエネルギーと栄養素を必要とします。体温の上昇はマクロファージが放出するインターロイキン1やインターロイキン6などの炎症性サイトカインという物質で一部説明が可能です。サイトカインには，すでに述べた作用の他に③体温中枢を刺激して体温を上昇させるとともに筋肉に対してはタンパク質の分解を促進する作用が見いだされています。タンパク質の分解によって得られたアミノ酸は抗体合成に使われたり，エネルギー源として必要なグルコースに変換（糖新生）されたりします。一連の経過は，「ウイルスは高温に弱い」，「体温の上昇で免疫機能が活性化される」，「無駄な行動を押さえて感染を拡大させない」，「筋肉にストックされているエネルギーを有効に利用する」という事柄に対して合目的に展開しているようにも見えます。

（1） 受動免疫と能動免疫

免疫は自己でつくったか，他己でつくった製剤を移入したかによって2つに分類されます。

他己による免疫の移入を受動免疫といいます。これは人や動物に抗原を投与し，ここで生産された抗血清を採取し，異個体に接種することにより免疫状態を与えるものです。例えばウサギなどでつくられる抗毒素血清は古く開発され現在も使われています。ヒト血清中のガンマグロブリン分画を精製したガンマグロブリン製剤はある種のウイルス感染の予防・治療に用いられます。

ほ乳類では移行抗体と呼ばれる抗体が母から子へ移入されます。人では母乳中に IgA が，胎盤を通じて IgG が子に伝達され，免疫機能が未完成で外界の微生物に対する抵抗力が成人に比べて大変弱い乳児を守る大きな力になります。母乳を飲めなかった乳児は各

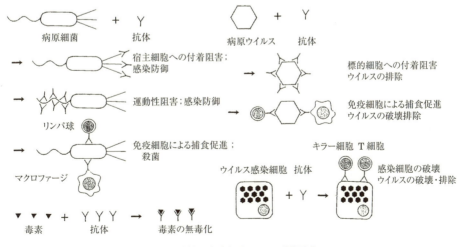

図6-4 抗体と免疫細胞による感染防御

種のウイルス感染に対する抵抗力が低くなるとされます。
　能動免疫は自分自身が免疫状態をつくり出すことをいい，生体は日常的に行っていて感染防御，ワクチン接種，腫瘍免疫などがその例です（図6-4）。

（2）抗　原

　抗原となるものは，生体を構成する物質で，タンパク質，多糖体，核酸などがあります。タンパク質は最も種類が多く良好な抗原となりますが，インスリンのような分子量1万未満のポリペプチドでも抗原となります。多糖体抗原にはグラム陰性菌のO抗原，人のABO式血液型物質などがあり，自己免疫疾患であるSLE（全身性エリテマトーデス）の例のように核酸が抗原となることがあります（表6-2）。

表6-2　抗原の性質

種　類
　　タンパク質，多糖体，脂質，核酸，ハプテン

抗原となるための条件
　　異種・非自己である
　　　　異種生物，自己の変性組織・細胞（死んだ細胞，腫瘍細胞）
　　　　例外：精子，水晶体タンパク
　　分子量が大きい
　　　　1万以上（例外はハプテン）
　　非経口的に体内に移入される
　　分子が3次元的な複雑さを持つ

　抗原となるための条件は異物であることが基本です。がん細胞や死滅細胞も異物であり抗原と認識され適切に排除されます。例外は自己免疫疾患で，生体が何らかの原因により正常な自己物質を異物と認識するために起こる疾患です。
　分子量は大きいことが条件ですが，ペニシリンのような分子量240程度のものでも抗原となることがあります。これはペニシリンが体内の巨大分子と結合し，この分子全体を異物と認識してしまうためでこのような物質をハプテンと呼び，ジニトロフルオロベンゼン，ウルシオールなどが知られています。タンパク質と結合する力の強いものはハプテンになりやすく，ペニシリンショックなどの薬剤アレルギーや，過敏症を起こすことが問題になります。
　抗原物質が抗原と認識されるためには非経口的に体内に入ってくることが必要です。卵白を食べても健常な人では，これが抗原になることはなく，注射などにより体内に直接入ってくると抗原として認識されます。この違いは，経口摂取では消化酵素により卵白中のタンパク質はアミノ酸まで分解されたうえで体内に入ってくるためです。経口摂取でも，何らかの原因で，タンパク質が直接体の中に入ってくると注射で接種されたときと同じように抗原と認識されます。
　体内に直接タンパク質が入ってくる機会は多く，蜂や蚊に刺されてショックを起こした

り，かゆくなったりするのはこの例です。アレルギーも花粉などの成分が鼻・眼・気道などの粘膜に付着して免疫細胞に認識されることによって起こります。

（3）抗　体

抗原の侵入に対して生体は抗体をつくって対応します（表6-3参照）。

抗体とは血清タンパクの一種で，ガンマグロブリン分画であり免疫グロブリンと呼ばれ，抗原刺激によりBリンパ球が生産し，血漿タンパクの20％を占めます。分子量や構造などの違いによりIgG，IgA，IgM，IgD，IgEの5種類の免疫グロブリンの存在が知られています。

表6-3　免疫グロブリンの種類と性状[6]

Ig クラス	IgG	IgA	IgM	IgD	IgE
分子量（万）	15	17（40）*	90	18	20
移動度	$\gamma(\beta)$	$\beta(\gamma)$	$\gamma-\beta$	$\gamma-\beta$	$\gamma-\beta$
糖含量（%）	2.9	7.5	11.8	約10	約10
H 鎖	γ	a	μ	δ	ε
L 鎖	κ, λ	κ, λ	κ, λ	κ, λ	κ, λ
鎖構造	$\kappa_2\gamma_2$ $\lambda_2\gamma_2$	$(\kappa_2 a_2)_n$ $(\lambda_2 a_2)_n$ n=1〜4	$(\kappa_2\mu_2)_5 \cdot J$ $(\lambda_2\mu_2)_5 \cdot J$	$\kappa_2\delta_2$ $\lambda_2\delta_2$	$\kappa_2\varepsilon_2$ $\lambda_2\varepsilon_2$
サブクラス	1, 2, 3, 4	1, 2	1, 2	None	None
正常値（mg/ml）	12.4	2.8	1.2	0.03	0.0003
胎盤通過	＃	−	−	−	−
皮膚感作（P-K）	＋	−	−	−	＃
体外分泌	＋	＃	＋	?	＋
補体結合			＃		
生物活性	オプソニン ADCC CMC 新生児期の免疫能	粘膜免疫 新生児期の受身免疫	ナイーブB細胞の抗原レセプター	ナイーブB細胞の抗原レセプター	即時型過敏型
免疫グロブリンの構造	Fab Fab Fc	Serum SC Secretion			

*分泌型 IgA：$(\kappa_2 a_2)_2 \cdot SC \cdot J$, $(\lambda_2 a_2)_2 \cdot SC \cdot J$
SC：分泌成分（secretory component），J：joining chain

IgGは血清中に1,200mg/dL存在し，最も多量であること，あらゆる抗原に対して抗体となることから感染防御上最も重要な免疫グロブリンです。胎盤通過機能を持つ唯一のもので，新生児は出産時母親の持っていたIgGを成人レベルで保有し感染防御上重要です。分子量は15万で補体結合能，抗ウイルス活性を持ちます。

IgAは血清中に280mg/dL含まれます。分泌液中のIgAは分泌型IgA，また分泌抗体

と呼ばれ細菌，ウイルスに対して凝集力が強く粘膜表面の感染防御に重要です。唾液・乳汁・鼻汁・気管分泌液・消化器分泌液・膣分泌液などに存在し外界に接する粘膜表面の局所の感染防御を行っています。IgAの産生細胞は85％が消化器粘膜と気道粘膜の固有層に存在しています。分泌型IgAは，2個のIgA分子をJ鎖が連結し，さらにSC分子が結合しています。SC分子は分泌型IgAを安定化し，消化酵素に対する抵抗性を与えます。母乳中に含まれる分泌型IgAが，乳児の胃腸に達することができるのはこのような特性があるからです。

　IgMは分子量90万で免疫グロブリン中最も大きく，個体発生的にも系統発生的にも最も早期に現れます。胎生後期にすでに存在し，IgGやIgAよりもはるかに早く，生後1年で成人レベルになります。抗原刺激に対してもIgG，IgAは応答に1週程度かかりますが，IgMは2〜3日で現れ早期の感染防御を行います。IgMの構造はIgG型分子が5個星型に配列していて，IgA同様凝集力が強く補体結合力も強いために感染防御上重要です。IgMの特殊な例に同種赤血球凝集素があり，ABO式血液型不適合の起こる原因は生まれながらにしてこれらの血液型に対するIgM抗体を持っているためです。

　IgEは血清中に極微量しか存在せず，機能も不明でしたがその後アレルギーに関与することがわかりました。好塩基球や肥満細胞に結合する力が強く，侵入してきた抗原がこれら細胞表面のIgEに結合すると，細胞内顆粒中のヒスタミンなどの生理活性物質が放出され，血管拡張などの生体反応が起こりアレルギー特有の症状が現れます。またIgEは蠕虫類に対する抗体となり，好酸球に作用して寄生虫感染に対する防御機能を果たしていると考えられます。

（4）　免疫担当細胞

　免疫応答の主体となるのはリンパ球で体重の1％にも達し，量の多さやその複雑な機能から，全体で臓器の1つと考えるべきです。大別して抗体を産生するB細胞，抗原の認識・記憶・B細胞の増殖と抑制の制御・他の細胞への情報の伝達・免疫系全体の統御にか

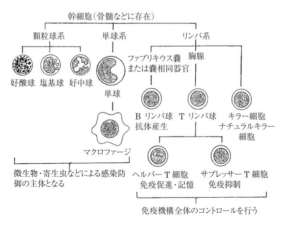

図6-5　免疫に関与する細胞とその分化

かわるT細胞，また他の細胞や組織を破壊するK細胞に分けられます。（図6-5）

B細胞は，鳥類ではファブリキウス嚢で，ほ乳類では扁桃，虫垂，腸管パイエル板等で，またT細胞は胸腺で形成・成熟します。胸腺は成人では痕跡的器官ですが免疫上重要で，マウスで生後直後に摘出すると免疫不全症となり，人でも胸腺形成不全症では成人に達する前に感染症などにより死亡する割合が高くなります。

リンパ球と共同または独立で免疫反応を行うものに，細菌・ウイルスを積極的に捕食し殺菌する貪食機能が強い，白血球の一種の好中球およびマクロファージがあります。マクロファージは血中にも存在しますがほとんどが脾臓・肝臓・肺・リンパ節・骨髄・脳などに分布し，体外からの侵入微生物や体内形成異物の排除にあたっています。好中球はマクロファージよりも現れるのが早く，急性化膿性疾患などで増加し早期に微生物を排除する機能を持ちます。これらの細胞は細胞内に，各種殺菌酵素・過酸化水素・活性酸素などの多様な殺菌物質を持っていますが，遺伝的要因によりこれらの物質が欠損する例があり，感染症に対して非常に弱くなることが知られています。

病原体により感染防御の主体が抗体にあるものと，細胞にあるものとが知られています。連鎖球菌，髄膜炎菌，肝炎，ポリオ，肺炎球菌，緑膿菌などは抗体に防御の主体があります。サルモネラ，結核，ヘルペス，麻疹，天然痘，トキソプラズマなどは細胞性免疫に防御の主体があります。好中球が防御の主体になるのはブドウ球菌，クレブシラ，アスペルギルス，ノカルディアなどです。また結核，ライ，チフス，ブルセラ，リステリアなどは，マクロファージ内で生存・増殖する能力があり，治りにくい原因になっています。

参考図書・文献

1) 町田和彦：感染症ワールド-免疫力・健康・環境-，早稲田大学出版部（2005）
2) 安保　徹：自律神経と免疫の法則-体調と免疫のメカニズム-，三和書籍（2004）
3) 谷口　克・谷口維紹編著：生体防御-免疫と感染症-，共立出版（2001）
4) 竹田美文・渡邊　武：感染と生体防御，現代医学の基礎11，岩波書店（1999）
5) 佐々木胤則・仲井邦彦：からだの営みと健康，三共出版（1997）
6) 今井浩三：免疫グロブリン，医科免疫学，菊池浩吉，上出利光編，改訂第5版，P.112，南江堂（2001）

7 人と動物の共通感染症と新興感染症

　19世紀の終わり以降から伝染病の研究と予防法の研究が進み，その知見は消毒法の重要性を認識させ，飲料水・下水・食品の管理・環境衛生の向上など公衆衛生行政に適用されてきました。そして，抗生物質の発見，ワクチンの開発，公衆衛生の整備などによって20世紀の半ばには先進開発国では，感染力が強く死亡率も高い伝染病の多くは激減しました。

　しかし，人間の世界で押さえ込みに成功した伝染病はごく一部で，まだ問題であるものは多く，食中毒原因菌のように私たちの生活環境に普遍的に存在し偶発的に病気を起こすもの，溶血性連鎖球菌のように人体に普遍的に存在し，時に病気を起こすものなどは，排除や撲滅が極めて困難です。また薬剤耐性菌のように抗生物質が多用されるようになってから現れた問題もあり，これらの病原体による感染症は今後も公衆衛生上の問題として残り続けると思われます。現在押さえこんでいる伝染病も，行政や医療などの社会秩序の破綻によって容易に復活する可能性があります。

　さらに最近問題として取り上げられるようになった新しい感染症が新興感染症と呼ばれるものです。

7.1 新興感染症と日本の対応

　新興感染症　Emerging Disease（Emerging Infectious Disease）とはWHOの定義では「新しく人での感染が証明された疾患，あるいはそれまでその土地では存在しなかったか，新しくそこで人の病気として現れたもの」としています。同時にWHOでは再興感染症 Re-emerging Infectious Disease という概念も規定していて，これは「すでに知られていたものの，発生件数は著しく減少し，もはや公衆衛生上の問題ではないと考えられていた感染症のうち，再び出現し増加したもの」としています。WHOではこの2つの感染症群について1995年に加盟各国に対して国内，国際間でのサーベイランスの強化を勧告し，これらの疾患の流行に対して国際的な協力，準備と速やかな対応を指示しています。

　日本でもこの勧告に従って1999年伝染病法の大改正を行い，2003年にさらに部分改定を行いました。表7-1に現行の感染症法の一部をあげます。

　このようなWHOによる勧告や日本政府の対応が行われた理由は，新興感染症が1970年前後から次々に現れてきたことを背景にしています。新興感染症の中には非常に強力で人の間で流行を起こし感染すると死亡率が高いものがあり，多くのものは有効な治療薬やワクチンが存在しないことなど，公衆衛生上大きな問題になっています。

7 人と動物の共通感染症と新興感染症

表 7-1 感染症法における分類一覧（2022 年（令和 3 年）3 月 3 日改正）

感染症の分類	定義・疾病名
1 類（7）	**感染力，り患した場合の重篤性等に基づく総合的な観点からみた危険性が極めて高い感染症** エボラ出血熱，クリミア・コンゴ出血熱，痘そう，南米出血熱，ペスト，マールブルグ病，ラッサ熱
2 類（7）	**感染力，り患した場合の重篤性等に基づく総合的な観点からみた危険性が高い感染症** 急性灰白髄炎，結核，ジフテリア，重症呼吸器症候群（SARS）[※1]，中東呼吸器症候群（MERS）[※2]，鳥インフルエンザ（H5N1），鳥インフルエンザ（H7N9）
3 類（5）	**感染力やり患した場合の重篤性などに基づく総合的な観点からみた危険性は高くないものの，特定の職業に就業することにより感染症の集団発生を起こしうる感染症** コレラ，細菌性赤痢，腸管出血性大腸菌感染症，腸チフス，パラチフス
4 類（44）	**人から人への伝染はほとんどないが，動物，飲食物などの物件を介して人に感染し，国民の健康に影響を与えるおそれのある感染症** E 型肝炎，ウエストナイル熱（ウエストナイル脳炎含む），A 型肝炎，エキノコックス症，黄熱，オウム病，オムスク出血熱，回帰熱，キャサヌル森林病，Q 熱，狂犬病，コクシジオイデス症，サル痘，ジカウイルス感染症，重症熱性血小板減少症候群[※3]，腎症候性出血熱，西部ウマ脳炎，ダニ媒介脳炎，炭疽，チクングニア熱，つつが虫病，デング熱，東部ウマ脳炎，鳥インフルエンザ（2 類の鳥インフルエンザを除く）[※4]，ニパウイルス感染症，日本紅斑熱，日本脳炎，ハンタウイルス肺症候群，B ウイルス病，鼻疽，ブルセラ症，ベネズエラウマ脳炎，ヘンドラウイルス感染症，発しんチフス，ボツリヌス症，マラリア，野兎病，ライム病，リッサウイルス感染症，リフトバレー熱，類鼻疽，レジオネラ症，レプトスピラ症，ロッキー山紅斑熱，
5 類（49）	**国が感染症発生動向調査を行い，その結果に基づき必要な情報を国民や医療関係者などに提供・公開していくことによって，発生・拡大を防止すべき感染症** アメーバ赤痢，RS ウイルス感染症，咽頭結膜熱，インフルエンザ[※5]，ウイルス性肝炎（E 型肝炎及び A 型肝炎を除く），A 群溶血性レンサ球菌咽頭炎，カルバペネム耐性腸内細菌科細菌感染症，感染性胃腸炎，感染性胃腸炎（ロタウイルスに限る），急性出血性結膜炎，急性弛緩性麻痺（急性灰白髄炎を除く），急性脳炎[※6]，クラミジア肺炎（オウム病を除く），クリプトスポリジウム症，クロイツフェルト・ヤコブ病，劇症型溶血性レンサ球菌感染症，後天性免疫不全症候群，細菌性髄膜炎[※7]，ジアルジア症，侵襲性インフルエンザ菌感染症，侵襲性髄膜炎菌感染症，侵襲性肺炎球菌感染症，水痘，水痘（入院例に限る），性器クラミジア感染症，性器ヘルペスウイルス感染症，尖圭コンジローマ，先天性風しん症候群，手足口病，伝染性紅斑，突発性発しん，梅毒，播種性クリプトコックス症，破傷風，バンコマイシン耐性黄色ブドウ球菌感染症，バンコマイシン耐性腸球菌感染症，百日咳，風しん，ペニシリン耐性肺炎球菌感染症，ヘルパンギーナ，マイコプラズマ肺炎，麻しん，無菌性髄膜炎，メチシリン耐性黄色ブドウ球菌感染症，薬剤耐性アシネトバクター感染症，薬剤耐性緑膿菌感染症，流行性角結膜炎，流行性耳下腺炎，淋菌感染症，
新型インフルエンザ等感染症	**人から人に伝染すると認められるが一般に国民が免疫を獲得しておらず，全国的かつ急速なまん延により国民の生命及び健康に重大な影響を与えるおそれがある感染症** 新型インフルエンザ，新型コロナウイルス感染症[※8]，再興型インフルエンザ，再興型コロナウイルス感染症
新感染症	人から人に伝染すると認められ，既知の感染症と症状等が明らかに異なり，その伝染力及びり患した場合の重篤度から危険性が極めて高い感染症
指定感染症	既知の感染症の中で，1 から 3 類及び新型インフルエンザ等感染症に分類されないが，同等の措置が必要となった感染症（延長含め最長 2 年）

※1 病原体が β コロナウイルス属 SARS コロナウイルスであるものに限る。※2 病原体が β コロナウイルス属 MERS コロナウイルスであるものに限る。※3 病原体がフレボウイルス属 SFTS ウイルスであるものに限る。※4 鳥インフルエンザ（H5N1 及び H7N9）を除く。※5 鳥インフルエンザ及び新型インフルエンザ等感染症を除く。※6 ウエストナイル脳炎，西部ウマ脳炎，ダニ媒介脳炎，東部ウマ脳炎，日本脳炎，ベネズエラウマ脳炎及びリフトバレー熱を除く。※7 インフルエンザ菌，髄膜炎菌，肺炎球菌を原因として同定された場合を除く。※8 病原体が β コロナウイルス属のコロナウイルス（令和 2 年 1 月に中華人民共和国から世界保健機関に対して，人に伝染する能力を有することが新たに報告されたものに限る）

7.2 今までに知られた新興感染症

今までに報告されている新興感染症の主なものについて表7-2にあげます。

欧米で新興感染症が認識されたのは1967年のマールブルグ病の発生だったと思われます。欧米社会は，世界中に風土病が存在することを十分認識しており，防疫体制も整えていましたがそれまで全く未知の，強い病原性を持つ伝染病が欧米の都市で突然出現したことは大きな衝撃を与えました。

表7-2 1957年以後出現した主な新興感染症

発生年	病原体	病名・症状	自然宿主
1957	フニンウイルス	アルゼンチン出血熱	ネズミ
1959	マチュポウイルス	ボリビア出血熱	ネズミ
1967	マールブルグウイルス	マールブルグ出血熱	コウモリ
1969	ラッサウイルス	ラッサ熱	ネズミ
1969	エンテロウイルス70型	急性出血性結膜炎	
1973	ロタウイルス	乳幼児下痢症	家畜
1976	クリプトスポリジウム	下痢症	家畜
1976	エボラウイルス	エボラ出血熱	コウモリ
1977	リフトバレーウイルス	リフトバレー熱	ネズミ
1977	レジオネラ菌	在郷軍人病	水系環境常在菌
1977	ハンタウイルス	腎症候性出血熱	ネズミ
1977	カンピロバクター	下痢症	家畜
1978	溶血連鎖球菌	劇症型連鎖球菌感染症	
1980	T細胞性白血病ウイルス	成人T細胞白血病	
1981	毒素産生性ブドウ球菌	毒素性ショック症候群	
1982	大腸菌O157	出血性大腸炎	ウシ
1982	ボレリア	ライム病	野生動物
1983	人免疫不全ウイルス	エイズ	
1983	ヘリコバクターピロリ	胃潰瘍	
1988	ヒトヘルペスウイルス6型	突発性発疹	
1988	E型肝炎ウイルス	肝炎	ブタ
1989	エーリヒアチャフェンシス	エーリキア症	家畜・野生動物
1989	C型肝炎ウイルス	肝炎	
1991	グアナリトウイルス	ベネズエラ出血熱	ネズミ
1991	エンセファリトゾーン	結膜炎	
1992	ビブリオコレラO139	新型コレラ	
1992	バルトネラヘンセラ	猫引っかき病	ネコ
1993	シンノンブレウイルス	ハンタウイルス肺症候群	ネズミ
1994	サビアウイルス	ブラジル出血熱	ネズミ
1994	ヘンドラウイルス	髄膜炎，脳炎	コウモリ
1995	人ヘルペスウイルス8型	カポジ肉腫	
1995	G型肝炎ウイルス	肝炎	
1996	BSE因子	新型クロイツフェルトヤコブ病	ウシ
1997	鳥型インフルエンザH5N1	インフルエンザ	トリ
1997	エンテロウイルス71型	流行性脳炎	
1998	ニパウイルス	髄膜炎，脳炎	コウモリ
1999	西ナイルウイルス	脳炎	トリ
2003	鳥型インフルエンザH7N7	インフルエンザ	トリ
2003	SARSコロナウイルス	重症急性呼吸器症候群	コウモリ
2012	MERSコロナウイル	中東呼吸器症候群	ラクダ
2019	新型コロナウイルス	新型コロナウイルス感染症	コウモリ？

(綜合臨牀, 50(3), 427-430, 2001)

このような新興感染症の多くは人にのみ感染するのではなく，人と動物に共通に感染するもので，本来の宿主は動物であり人への感染は偶発的であると考えられます。

欧米ではこのような動物と人に共通の感染症を zoonosis と名づけ，その中には炭疽病のように昔から恐れられていたものも多く存在します。日本では zoonosis を「人獣共通感染症」または「動物由来感染症」と訳し，その定義を「脊椎動物と人の間で自然に伝播しうるすべての疾患または感染症」としています。

7.3　新興感染症の拡大

1970 年頃から新興感染症が次々と現れるようになったことにはいろいろな原因が考えられます。

（1）　生態系の変化と農地開発

最も大きな要因は生態系の変化です。1950 年頃から全世界で戦争や紛争の頻発，農業による環境の大きな変化が始まりました。戦争は環境を破壊し，国家の経済を悪化させ，公衆衛生行政の低下をもたらします。また膨大な土地が開発によって農地になっていった結果それまで接触することのなかった野生動物と人が接触し，野生動物の持っていた病原体が人の社会に導入されるようになりました。また人口増加により野生動物との接触機会が増え，未知の病原体に感染する機会が増えるようになりました。

腎症候性出血熱は，ネズミがウイルスの自然宿主で秋の穀物収穫期，落穂を餌にするネズミと農作業者との接触が起こって感染するのが東アジアでの発生の大きな要因です。ラッサ熱は野外生活していた保菌ネズミが，新しくつくられた住居に住み着くことにより人に感染を起こします。アルゼンチン出血熱は，草原をトウモロコシ畑に変えた結果，保菌ネズミが増えたことにより起こりました。マールブルグ出血熱，エボラ出血熱，ニパウイルス，SARS などはコウモリが自然宿主であり，人との接触は稀だったものが，人の活動の拡大や熱帯雨林の開発，食用野生動物を介して人社会に持ち込まれました。

気候変動も感染症の拡大に寄与するとされ，1993 年のハンタウイルス肺症候群の発生はこれが影響したと考えられますし，地球温暖化が起こるとマラリアやアフリカ眠り病などの汚染地域が拡大して行くことが危惧されています。

（2）　国際交流と貿易

交通手段が発達して短時間での広域移動が容易になり，その結果病原体を持った動物，昆虫，人が極めて短時間のうちに人口密集地へ移動できるようになりました。

西ナイル熱は最近何らかの手段によりアメリカに持ち込まれましたし，蚊の移動によりデング熱はアジア固有の風土病だったものが全世界に，黄熱病もアフリカからアメリカ大陸に渡りました。

物流も非常に活発になり日本には全世界から毎日大量の物資が持ち込まれています。動物の輸入も多く，ハムスターはある年は年間 80 万匹以上輸入されましたがこれら輸入動物の中に未知の感染症を持つものがある可能性があります。

（3） 人口動態と行動の変化

　人口は全世界的に都市に集中する傾向があり，伝播力の強い伝染病が導入されれば急速に感染が拡大して行く可能性があります。都市化により，ネズミ，カラス，ハト，スズメなどの人間活動に依存して生きる都市型野生動物も増加します。彼らは西ナイル熱やハンタウイルスの例のように人獣共通感染症の自然宿主や汚染源になりえます。またHIV感染症の拡大には人間の性行動が大きく影響しました。

（4） 生活習慣

　生活習慣も新興感染症の出現には寄与しています。野生動物を食用にしたり，食用家畜を生きたまま取引し家庭に持ち帰りそこで殺して食べる習慣である地域では，その動物や家畜が人獣共通感染症の病原体を持っているとき，人への感染が容易に起こる可能性が大きく，SARS，新型インフルエンザなどではこの点が危惧されます。コウモリを食用にしている地域もあり，ニパウイルスやリッサウイルス感染症が危惧されます。腸炎ビブリオ感染症は魚介類の生食を行う日本人にほぼ限定される疾患ですが，同じ食習慣を取り入れた民族には同じように発生するでしょう。

（5） 医療行為による拡大

　1995年のザイールでのエボラ出血熱の流行は一人の患者から，同じ注射器の消毒不十分な反復使用により広まったとされます。ニパウイルスの豚への拡散も日本脳炎ワクチンの接種で同一の注射器を反復使用したために起こりましたし，HIVが麻薬患者間に広がったのも同じ原因によります。医療行為には厳重な管理が必要です。

7.4　日本国内に潜む危険

　動物からの感染症の危険は海外に限定されるものではなく日本国内にも危険は存在します。私たちの身のまわりにはいろいろな動物がおり，愛玩動物（ペット），家畜，展示動物（動物園の動物など），学校飼育動物，実験動物，都市型野生動物，野生動物に区分されます。このうち家畜，展示動物，学校飼育動物はかなりよく管理されていますし，ペットもイヌやネコは飼育の歴史が長くその病気も昔から比較的よく知られていて人獣共通感染症の危険性はあまり高くありません。

　問題なのは，各種げっ歯類，アライグマ，コウモリ，爬虫類，両生類などエキゾチックペットと呼ばれる動物です。これらは本来野生動物で性質も生態も不明な部分が多く，アライグマのアライグマ回虫やプレーリードッグのペスト菌のように危険な病原体を持っている可能性があります。またイヌ，ネコも外国から特定品種が多数輸入されることがあり，そのようなときには輸入感染症の危険があります。

　実験動物では，日本でラットが原因となり実験動物を扱う人の間に腎症候性出血熱を起こした例があります。

　都市型野生動物は人の排出した生ごみなどを主な餌にしており，都市化が進むにつれて増えて行きます。ネズミはハンタウイルスのキャリアになり，日本でも野生ネズミに存在

しています。米国で大規模な流行を起こし問題化している西ナイル熱は鳥が自然宿主になり人に感染を起こします。北海道では 2006 年冬季，スズメの集団死が起りました。このときの原因は判明していませんが，都市型の野生動物は危険性を含んでいます。

野生動物の管理はほぼ不可能です。日本でも野生動物による感染症の例は多く，クジラ肉によるサルモネラ症，クマ肉による旋毛虫症，シカ・イノシシ肉によるE型肝炎，イノシシ肉によるウェステルマン肺吸虫症の感染などがあり，ダニに媒介されるツツガムシ病，日本紅斑熱，ライム病なども存在します。

最近重視されているのは，コウモリが狂犬病，ニパウイルス，リッサウイルス，マールブルグウイルス，エボラウイルス，SARS ウイルスなどの自然宿主になっていることがわかっています。日本にこれらのウイルスが存在することは確かめられてはいませんが，万一ウイルスが持ち込まれれば日本のコウモリの間で急速に感染が広がる可能性があります。

7.5 日本と世界

輸入大国である日本には海外から物資だけではなく病気も入ってきます。防疫・検疫は厳重に行わなければならないし動物の管理は徹底しなければなりません。特に近年のペットブームは危険を大きくする可能性を持っています。ウイルスが原因となる新興感染症では，ワクチンも有効な治療薬も存在しないのが現状であり SARS のように人の間で容易に伝播が起こるものは，発生すると対応が不十分な場合，大きな被害を及ぼします。

これらの点について，厚生労働省，農林水産省等の公的機関が日常的に措置していますが防御を完璧に行うことは難しく，私たち一人ひとりの個人的な努力も強く求められます。野生動物やエキゾチックペットと接触する際や，新しい感染症が起こっている地域への旅行や滞在には厳重な注意が求められますし，何よりもこれらの病気に対して正しい知識を持つことが大切です。

7.6 拡大する新興感染症

新興感染症についていくつかあげます。取り上げたのは，マールブルグ出血熱，ラッサ熱，ハンタウイルス感染症，エボラ出血熱，ニパウイルス感染症，デング熱，ヘンドラウイルス感染症，リッサウイルス感染症，インフルエンザです。

これらを取り上げたのは，① 感染・発症すると症状が重篤である，② 特定地域では広く分布している，③ 日本に進入してくる危険性が高いなどの理由によります。なお，西ナイル熱および SARS については，総論を参照してください。

（1） マールブルグ出血熱

1976 年マールブルグ，フランクフルト，およびベオグラードでウガンダから輸入されたアフリカミドリザルの実験に関係した人の間に原因不明の致死的出血熱が起こりました。1 次感染者 26 名と 2 次感染者 6 名が発症し，内 7 名が死亡しました。先進開発国で

未知の重篤な感染症が起こったことは大きな衝撃となりました。この病気はその後1975年ジンバブエで3名，1980と1987年ケニアで各々1名および2名，1998〜1999年コンゴ共和国で100名以上の発生がありました。40度の高い発熱があり，鼻腔口腔，消化管からの出血を伴い死亡率が高い伝染病です。

マールブルグウイルスはエボラ出血熱と同じくフィロウイルス科で自然宿主も同じくコウモリです。コンゴでの流行は金鉱労働者であり，坑道に生息するコウモリによる感染と考えられています。

（2） ラッサ熱

1969年，ナイジェリア東北部ラッサ村の病院で発生したのが世界的に知られるようになったはじめての例です。ナイジェリア，リベリア，シェラレオーネ，セネガル，ギニアなどサハラ以南の西アフリカ地域ではほぼ毎年流行している，アレナウイルス科のラッサウイルスによる風土病的熱性疾患です。年間20〜30万人が感染，その10〜30％が発症し死亡率はこのうちの10数％です。流行地では発熱患者の14％がラッサ熱とされ死亡者は上記地域で年間5千人と推定されています。流行地域の農村部では多くの人が不顕性感染しています。

潜伏期は数日から16日，発熱，咽頭痛，悪寒で発症，次いで関節痛，頭痛，嘔吐，下痢などが起こり，悪化すると高熱，胸腹筋肉痛，扁桃炎，結膜充血，出血が続発し，重症例で浮腫，粘膜出血，チアノーゼ，ショックが起こります。

宿主はマストミスという西アフリカに広く分布するネズミの一種で，尿や糞便などの排泄物や唾液・体液との接触から感染します。また患者の血液・体液の接触で人から人への感染も起こります。かつてはマストミスとの偶発的接触が主でしたが，最近は自然開発と人口増加に伴い人家が増えここにマストミスが生息し人への感染の機会が増えたとされます。

（3） ハンタウイルス感染症

ブニヤウイルス科ハンタウイルスによる急性熱性疾患で，症状の特性から腎症候性出血熱とハンタウイルス肺症候群に大別します。

腎症候性出血熱はユーラシア大陸に広く分布しており，1930年代スカンジナビア熱として報告されたのが始まりです。中国，朝鮮，シベリア，東欧にかけて存在する重症アジア型は重症の場合，高熱，タンパク尿，重度の腎臓機能障害を起こし死亡率は1〜15％になります。朝鮮戦争時国連軍兵士で2,000名あまりが感染し問題となりました。現在も多数の患者が発生し，年間感染者は中国で10万人，韓国で数100人，欧州と極東ロシアではそれぞれ数千人とされます。ユーゴでは内戦による社会秩序の混乱と人々の体力低下により流行が拡大しました。日本でも第二次大戦前，中国東北部に駐屯していた陸軍兵士の間で大きな流行が，また1960年代にはドブネズミにより大阪市で流行が，1970〜1980年代には実験用ラットによる実験室内感染が各地で起りました。日本の主要港湾地区のドブネズミや北海道のヤチネズミは高率にハンタウイルスを保有しています。

ハンタウイルス肺症候群は，1993年米国南西部で発生したのが最初の例です。アメリカ合衆国では2002年までに31州で318人が発症し（死亡率37%），カナダでも2004年までに88例発生しました。野生のネズミ（シカシロアシマウスなど）が保菌者でその20%がウイルスを保有します。2002年の発生例は暖冬により餌が増え，ネズミが増えたのが原因とされます。1～2週の潜伏期の後，発熱，頭痛，筋肉痛などで発症し肺浮腫，呼吸困難，ショックを呈し死亡率は高く60%に上った例があります。この病気は北米だけではなく南米（アルゼンチン，ブラジル，チリ，パラグアイ，ウルグアイ）にも存在し多くの感染者を出しています（2004年までに1462例，死亡率17%）。

ハンタウイルスはげっ歯類の祖先に感染しネズミとともに進化したウイルスでネズミには病気を起こしませんが人へ感染すると大変重篤な症状を起こします。ネズミの尿，糞便を含んだ塵埃を吸引したり，咬まれたりすることにより感染します。

（4）エボラ出血熱

フィロウイルス科エボラウイルスによる重篤な出血熱で1976年アフリカのスーダンとザイールではじめて流行が発生しました。患者は約600名で，死亡率はスーダンでは53%，ザイールでは88%でした。1995年ザイールで315名発生（死亡率81%），1994から96年にかけてガボンで3回の流行があり（死亡率57～75%），2000年ウガンダで425名，2001～02年ガボンとコンゴ共和国で97名が発生（死亡率各々53, 79%），2002年にはコンゴで143名の発生（死亡率90%）がありました。マカク属サル，アフリカミドリザル，チンパンジー，ゴリラなどは人同様に感染し斃死します。中央アフリカでは不顕性感染の人が多くエボラ出血熱ウイルスは広範に分布していると思われています（表7-3参照）。

表7-3 エボラ出血熱の発生例

発生年	国	感染者数	死亡者数	死亡率%	由来**
1976	スーダン	284	151	53.1	コウモリが疑われる
	ザイール	318	280	88.1	コウモリが疑われる
1977	ザイール*	1	1	100.0	
1979	スーダン	34	22	64.7	
1989	アメリカ合衆国	4	0	0.0	カニクイザル
1994	コートジボワール	1	0	0.0	
	ガボン	49	29	59.2	ゴリラ，チンパンジー
1995	コンゴ共和国	315	256	81.3	
1996	ガボン	31	21	67.7	チンパンジー
	ガボン	60	45	75.0	チンパンジー
	南アフリカ	2	1	50.0	
2000	ウガンダ	425	225	52.9	
2001	ガボン，コンゴ	97	73	75.3	ゴリラ，チンパンジー
2002	コンゴ共和国	143	128	89.5	ゴリラ，チンパンジー
2003	コンゴ共和国	35	29	82.9	
2004	スーダン	17	7	41.2	ヒヒ
2005	コンゴ共和国	12	9	75.0	

*ザイールは現在コンゴ共和国　　**由来は判明したもののみです

（日本臨牀，65(増3)，25-29, 2007）

感染者の血液，体液，分泌物などとの接触により感染し，2〜20日の潜伏期の後，突発的発熱，頭痛，筋肉痛で発症し，下痢，重度悪寒，呼吸不全が続き，重篤例では全身からの出血，腎機能不全，ショック症状が起こります。

自然宿主はコウモリで，コウモリからサル類に感染しそれに接触した人に感染します。死んだチンパンジーを食べて発症した例もあります。日本では特定の国，地域からのサルの輸入を禁止しています。エボラ出血熱の出現は自然開発により野生動物との接触が増加したことが原因であるとされます。また注射器の非消毒反復使用，感染防御措置の不備が病院や治療行為での流行を広めた例もあります。

2013年12月頃から，今までエボラ出血熱が発生していなかった西アフリカのギニア等で，エボラ出血熱が流行しはじめました。2014年6月頃から流行は急激に拡大し，西アフリカのリベリア，シェラレオネ，ギニアを主流行地とし，その他ナイジェリア，セネガル及びマリで，今も多数の人々が感染し亡くなっています。この流行はエボラ出血熱の，史上最悪規模の流行で，2015年2月18日現在も流行は終息せず拡大しています。

流行が急速に拡大することが現実となった2014年8月8日，WHOは西アフリカのエボラ出血熱の流行は「国際的に懸念される公衆衛生上の緊急事態である」と宣言し，地域の特殊な危機ではない，全世界の危機であることを表明しました。現実に，先進国において，現地で医療活動に当たり帰国した後にエボラ出血熱を発症した例があり，死者も発生しました。日本でも，流行地から帰国後発熱症状を呈した人が今までに複数あり，隔離検査されましたが感染者ではありませんでした。現在，日本国内の医療機関には，西アフリカから帰国後発熱した人は保健所に連絡し，その指示に従うようにとのポスターが掲示されています。

国際機関や先進国による物的・人的支援は2003年の流行でも行われましたが，今回の大流行ではこれまでにない規模で行われています。日本政府も資金，防護服や医療器具などの援助を行っています。しかし，エボラ出血熱患者の治療や看護にあたるスタッフは，防護服を着用し全身に厳重な防護措置を取った上での活動を行わなければならず，現地が熱帯で大変に気温が高いため，医療活動での疲労が激しく，救護活動の大きな障害になっています。

今回の大規模な流行が起こった要因は，今までの流行と共通することが指摘されています。中央アフリカではエボラウイルスの人への不顕性感染が存在し，エボラウイルスは普遍的に存在していることが推測されています。その上に，内乱と貧困による公衆衛生レベルの低下，死者を葬送する儀式における西アフリカの一般的な習慣，医療用具や薬品の不足，患者の隔離や住民の移動の制限が難しいこと，野生動物や斃死動物（チンパンジーなど）を食用にする習慣等です。

2001〜2003年のガボン，コンゴ共和国でのエボラ出血熱流行時に，コウモリからエボラウイルス特異抗体と特異遺伝子を検出しました。コウモリは他の多くの病原ウイルスの保有者となっていることが知られています。西アフリカでは野生動物を食用にすること

が一般的ですが，オオコウモリも食用にする習慣があります。またチンパンジーやゴリラもエボラウイルスに感染し斃死しますが，斃死したり弱ったりしているこれらの動物との，接触や摂食により罹患する危険が示唆されています。

今回の流行ではエボラ出血熱に対する危機意識が全世界で共有され，各国政府や国際機関による協力援助が行われています。先進国では，発症した患者に対し，対症療法が中心ですけれど，徹底した集中治療が行われ回復した例があります。ワクチンや治療薬はまだ作られてはいませんが，感染回復者血清や研究中の薬物による緊急的な治療が試みられています。

この間従来エボラ出血熱が流行していた地域でもエボラ出血熱は再発生しました。2007年以降の発生例を表7-4にあげました。また今回のザイール等での流行とは関連なくコンゴ民主共和国で2014年8月～9月までに，71名が罹患し43名が死亡する流行が起こっています。

表7-4 2007年以降のエボラ出血熱 罹患者および死者数

年　度	国　名	罹患者	死　者	死亡率（％）
2007	コンゴ民主共和国	264	187	70.8
	ウガンダ	149	37	24.8
2008	コンゴ民主共和国	32	14	43.8
2011	ウガンダ	1	1	100.0
2012	ウガンダ	24	17	70.8
	ウガンダ	7	4	57.1
	コンゴ民主共和国	57	29	50.9

WHO HP http://www.who.int/mediacentre/factssheets/fs103/en/　より引用

西アフリカではエボラ出血熱は，2015年2月10日の時点で，累積罹患者22,999人，死者9,253人であり，流行は依然続いています。エボラ出血熱は，人類がこれまでに遭遇した伝染病の中で最も危険な物の1つであり，他の地域への拡大が危惧されています。

（5） ニパウイルス感染症

パラミクソウイルス科ヘニパウイルス属に分類されるウイルスで1999年マレーシア，ペラク州イポー市のブタ，人への流行例では脳炎を起こしました。大規模飼育場のブタに感染が蔓延し，これから養豚場や屠畜場の従業員に感染しました。その後各地で畜産関係者中心に発生し，マレーシアでは1999年4月29日までに283名感染し内109名が死亡しました。またバングラディシュでも2001年から発生し，2004年にはで53名が発症し35名が死亡しました。

潜伏期は4～18日，多くは一般的無菌性髄膜炎で発症し，突然の発熱，5～7日続く頭痛，劇症脳炎，髄膜炎が伴い日本脳炎の症状と類似します。不顕性感染も多く存在しますが，脳炎を起こした場合死亡率は40％程度となります。人への感染はブタからが主で，呼吸器分泌物，尿，糞便との接触が原因と考えられ，流行地では養豚場ブタで90％以上，イヌで50％以上が感染していました。人同士の感染は起こらないか極めて稀とされます。

自然宿主はコウモリです。マレーシアではシンガポールへ輸出するために大規模養豚が始まり，コウモリの生息地付近にまで養豚場がつくられ，その近辺にある果樹園にフルーツコウモリが飛来しここからブタに感染したと考えられています。マレーシアでは90万頭あまりのブタを殺処分して流行を収束させました。バングラディシュでの例はフルーツコウモリからの直接感染ではないかと考えられています。

（6） デング熱

デング熱は，日本人が海外で感染し，日本に帰国後発症する例は今までにも知られており，海外旅行で注意すべき感染症の1つとされていました。しかし，2014年8月に海外渡航歴がない，日本国内に居住する日本人にデング熱罹患者が発生しました。そして，同年10月末までに東京圏を中心に160名の患者が発生しました。

デング熱は，フラビウイルス科フラビウイルス属のデングウイルスによる熱性疾患です。主症状は感染3～7日後の，突然の発症，頭痛，筋肉痛，関節痛であり，腹痛，下痢，便秘などの消化器疾患を伴うこともあります。発熱後3～6日の有熱期間後，解熱とともに搔痒を伴う斑状丘疹性発疹が，胸部体幹から始まり四肢顔面へ広がり，その後回復します。

一方，デング熱とほぼ同様に発症した患者の一部で，突然の血管からの血漿漏出と出血傾向を主症状とする，デング出血熱を発症する例があります。本症に至る例は少ないけれど致死率は高いことが恐れられています。

デング熱ウイルスの主たる保有者は人であり，人と人の間を，ネッタイシマカ，ヒトスジシマカなどの昼間活動する蚊によって媒介されます。予防ワクチン，治療薬は開発されていません。蚊が媒介する伝染病の多くと同じく，媒介蚊の撲滅がデング熱防止の有効な手段です。

デング熱は赤道周辺の温暖湿潤な地域の多くの国に存在し，毎年500万人から1億人の患者が発生しています。この病気は1960～2010年の半世紀で患者数は30倍に大きく増加しました。この患者数の増加には，地球温暖化，都市化，人口増加，海外旅行者の増加など，他の新興感染症の出現と拡大同様に地球環境の変化が強く関与しているとされます。

デング熱は近年では1998年東南アジアで大流行し，ベトナムでは23万人が罹患しました。タイ，インドネシア，ベトナム等では毎年1万人以上が発症しています。2001～2002年には，デング熱撲滅に成功したと考えられていたハワイ諸島で流行が起こりました。2002年台湾南部で1万5千人の流行があり，2015年中国大陸南部で大規模な流行が起こりました。2012年の日本人海外旅行者は約2,500万人であり，その内少なくとも1,190万人がデング熱流行地域に渡航している状況であり，日本に侵入してくる危険性の高い感染症です。

日本では，デング熱は太平洋戦争下の1942～1945年にかけて長崎，佐世保，広島などで大きな流行が起こりました。この時の流行は終息しましたが，その後海外旅行者の増

7 人と動物の共通感染症と新興感染症

加に伴い，旅行中に感染し帰国後発症する例が，年間 100 名程度報告されていました。

2014 年 8 月，海外渡航歴のない日本人で，東京都の代々木公園で，日中にクラブ活動を行っていた大学サークルの複数のメンバーが蚊に刺されて，デング熱を発症しました。9 月 4 日には代々木公園で採取された蚊からデング熱ウイルスを検出しました。その後も患者は増加し，代々木公園以外の東京都，また千葉県などでも患者が発生し，160 名の患者を出して 10 月末に流行は終息しました。

日本での媒介動物はヒトスジシマカです。ウイルスを含んでいる人の血液をヒトスジシマカが吸血すると，その体内でウイルスが増殖し，次に人を吸血した時にウイルスを感染させます。ヒトスジシマカは 1950 年には関東北部の北緯 37 度付近が分布の北限でしたが，2006 年には，岩手県中部から秋田県北部まで生息域を北上させています。これも地球温暖化の影響と考えられています。ウイルスは蚊の中で終生生存するために，気温の下がらない熱帯・亜熱帯では，流行は通年で起こっています。

ヒトスジシマカはデング熱や黄熱，犬糸状虫（フィラリア；人にも感染する）だけではなく，チクングニア熱，マラリア，西ナイル熱などの危険な感染症を媒介する可能性があります。特に，西ナイル熱は新興感染症の 1 つですが，現在アメリカ合衆国のほぼ全域が流行地・定着地域になっています。このウイルスは，スズメやカラスなどの鳥類が病原ウイルスを増幅する動物になり，彼らから蚊を媒介にして人に感染することが分かっています。日米間の人と物資の往来は大変に活発で，もしも西ナイル熱ウイルスが何らかの手段によって日本国内に侵入し，日本の野生鳥類に感染するとデング熱や黄熱などより，はるかに容易に定着してしまう可能性があります。

（7） ヘンドラウイルス感染症

1994 年，オーストラリアのブリスベンで流行が起こり，競走馬が 20 頭重症呼吸器感染を起こし 13 頭が斃死，馬の飼育係りが 2 人発症し 1 人が死亡しました。パラミクソウイルス科に属するニパウイルスに近縁のヘンドラウイルスによって起こる感染症です。

潜伏期は 4 〜 18 日，呼吸器感染の症状で発症し，肺炎となりますが，髄膜炎を起こし，痙攣を伴う脳炎で死亡した例もあります。

フルーツコウモリが自然宿主で，ウマ，ネコ，モルモットが感染し尿中にウイルスを排泄します。果樹園に飛来したコウモリから感染したと考えられています。

（8） リッサウイルス感染症

狂犬病は古くから知られていた病気ですが，狂犬病と非常に近縁のウイルスが存在しリッサウイルスと呼ばれます。オーストラリアの食虫コウモリからはじめて検出され，イギリスやヨーロッパに生息するコウモリからも同じ科のウイルスを分離しました。フィリピン，タイでも中和抗体をコウモリから検出していて東南アジアにも広く分布していると考えられます。

1968 年から現在までにリッサウイルス感染症は 9 例発生していて症状は狂犬病に酷似します。ナイジェリアの 2 例はトガリネズミからの感染で，これ以外はコウモリが原因で

9例中8名が死亡しました。現行の狂犬病ワクチンがある程度発症の予防が可能であるとされます（表7-5参照）。

表7-5 リッサウイルスの人への感染例

発生年	ウイルス名	発生国	性	経過	感染源
1968	モコラウイルス	ナイジェリア	女	回復	トガリネズミ
1970	ドウベンハイグウイルス	南アフリカ	男	死亡	コウモリ
1971	モコラウイルス	ナイジェリア	女	死亡	トガリネズミ
1977	コウモリリッサウイルス	ウクライナ	女	死亡	コウモリ
1985	ヨーロッパコウモリリッサウイルス	ロシア	女	死亡	コウモリ
	ヨーロッパコウモリリッサウイルス	フィンランド	男	死亡	コウモリ
1996	オーストラリアコウモリリッサウイルス	オーストラリア	女	死亡	コウモリ
1998	オーストラリアコウモリリッサウイルス	オーストラリア	女	死亡	コウモリ
2002	ヨーロッパコウモリリッサウイルス	イギリス	男	死亡	コウモリ

（日本臨牀, 65(増3), 157-162, 2007）

コウモリによる感染は，咬傷，引掻傷，傷口をなめられるなどによって起こりますが，咬まれることは大変危険です。日本には狂犬病は存在していませんが，コウモリのリッサウイルスについてはまだ調査されていないようです。日本ではコウモリの輸入は現在禁止されています。

（9）インフルエンザ

人に感染するインフルエンザは抗原型によりA，B，Cの3種に分けられますが，最も重要なのはA型です。それは，変異を頻繁に起こし大きな流行を引き起こすこと，人だけではないほぼすべての温血動物に感染することが理由です。

1980年ころまではインフルエンザウイルスは鳥類と人を含む一部のほ乳類にしか感染しないと思われていましたが，現在は鯨や海獣までを含めたすべてのほ乳類に感染することがわかっています。インフルエンザウイルスは表面に存在する，HA（ヘムアグルチニン）およびNA（ノイラミニダーゼ）抗原の組み合わせで分類します。ほ乳類に感染する亜型は動物種によって限定され，人には，H1：2：3，N1：2のみが，ブタではH1：3，N1：2が感染します。カモはH1から16，N1から9のすべての型が感染し，インフルエンザA型ウイルスはカモ類などの水禽が固有の宿主であると考えられています。カモ類は感染しても無症状であり，糞便の中にウイルスを排泄し続け，他の動物への感染源となります。

インフルエンザウイルスは感染細胞の中で遺伝子の点突然変異による小変異を頻繁に起こします。そのシーズンの流行で最初の型と終わりの型で小変異の結果表面の抗原が変化することもあります。インフルエンザへの防御は免疫抗体によりますが抗原型が変化するとすでに存在する抗体の効果はなくなります。そこで同一シーズンに2回感染することもあり，次の年には型が変化していて同じワクチンでは効果が低下する現象が起こります。インフルエンザワクチンを毎年接種しなければならない原因です。インフルエンザウイルスは小変異を起こしながら毎年流行を繰り返しています。

表7-6 世界各国の人への鳥型インフルエンザ感染例

発生年	国	亜型	感染者数	死亡数	死亡率 %
1997	香港	※	18	6	33.3
1999	香港	H9N2	2	0	0
	中国	H9N2	5	0	0
2003	香港	※	2	1	50.0
	オランダ	H7N7	83	1	1.2
	中国	※	1	1	100.0
	ベトナム	※	3	3	100.0
2004	タイ	※	17	12	16.9
	ベトナム	※	29	20	69.0
2005	カンボジア	※	4	4	100.0
	中国	※	8	5	62.5
	インドネシア	※	17	11	64.7
	タイ	※	5	2	40.0
	ベトナム	※	61	19	31.1
2006	アゼルバイジャン	※	8	5	62.5
	カンボジア	※	2	2	100.0
	中国	※	12	8	66.7
	ジブチ	※	1	0	0
	エジプト	※	14	6	42.9
	インドネシア	※	41	34	82.9
	イラク	※	2	2	100.0
	タイ	※	2	2	100.0
	トルコ	※	12	4	33.3

※亜型については表記したもの以外すべてH5N1です（1997年以降2006年まで）
（医学のあゆみ 219, 777-780, 2006）

　より重大なのはインフルエンザウイルスが大変異を起こすことです。これはウイルスの8本の遺伝子が，一部から全部が別のものと入れ替わる遺伝子再集合と呼ばれる現象で，これが起こるとそれまで人類が遭遇したことのない型になり，すべての世代に免疫が全くないために多くの場合大規模な世界的流行になります。大変異は20世紀には1918年のスペインかぜ［H1N1］，1957年アジアかぜ［H2N2］，1968年香港かぜ［H3N2 アジアかぜ；H2N2と鳥H3亜型の遺伝子再集合体］の3回が知られています。現在（2006年時点）流行しているインフルエンザは1968年香港かぜの変異型です。

　人に大流行をもたらす，大変異を起こしたウイルスは鳥型の遺伝子を持ったものですが，鳥型は人には一般的にかかりません。この大変異は人のウイルスと鳥のウイルスの両方が感染する動物であるブタで起こると考えられています。ブタの中で人型と鳥型の感染・交雑が起こり，鳥型遺伝子を持ちながら人にも感染し，流行を起こすものが現れます。このようにして現れた，今まで人にかかったことのない遺伝子を持ち，人から人に容易にうつるようになったウイルスを新型インフルエンザと呼びます。中国や東南アジアの農村地域では，人の住居の周囲に，ブタとアヒルや鶏を一緒に飼っている例が多く，このような生活習慣は新型ウイルスの現われる原因と考えられています。

　鳥型は宿主細胞表面レセプターが違うために人には直接かからないと思われていたのですが，最近鳥型が直接人に感染する例が起こってきました。判明している世界はじめての

鳥型感染例は香港で発生しました（1997年　H5N1により18名発症，内6名が死亡。8本の遺伝子のすべてが鳥型でした）が，現在は世界各地で発生しています。これまでに人への感染が確認された鳥型はH5N1，H7N7，H9N2です。H5とH7の亜型は鶏などの鳥に対して強い病原性を持ち，高病原性鳥インフルエンザと呼ばれ古くから家禽ペストとして恐れられていたのですが，最近全世界的に発生し家禽に大きな被害を与えるようになりました（日本でも2004年山口県で79年ぶりに起こりました）。高病原性鳥インフルエンザには強いと考えられていた水禽でも感染斃死例があり2005年中国青海湖ではH5N1によりインドガンなど6,000羽以上が死にました。ほぼ同じウイルスが日本でも死んだ猛禽類から分離されました。時期を同じくして人にも主にH5N1による感染が起こるようになり2006年までに世界各地で348例が発生し148名が死亡しました（表7-6参照）。2006年アゼルバイジャンでは死んだ白鳥に接触し鳥インフルエンザに感染して死亡した例があります（鳥からの直接感染の最初の例）。ただしH5N1のような鳥型インフルエンザの人への感染はやはり非常に起こりにくいと考えられています。

　H5N1などの，高病原性鳥インフルエンザが近年世界各地で発生するようになった原因は不明です。気候変動による渡り鳥の渡りや生息地の変化，取り巻く環境の変化を原因とする意見があります。人の生活習慣によるという考えもあります。中国南部や東南アジアでは家禽を生きたまま販売し家庭で屠殺・調理するのが一般的ですが，この過程でウイルスを持った家禽の糞便や気道分泌物との濃厚な接触が起こります。またこれらの国では経済発展により家禽の生産・消費量，家禽の国を超えた移動も激増しています。人への感染率が非常に低いと考えられている鳥型インフルエンザに感染する人が増えたのは，このウイルスに接触する機会が大きく増えたことが原因ではないかと考えられています。

（10）　新型インフルエンザ

　2009年4月頃，メキシコでブタ由来の新型インフルエンザの患者が発生しました。その後，このインフルエンザによる流行がメキシコ，アメリカ合衆国を中心に起こり，全世界に拡大していきました。このウイルスが，従来から懸念されていた強毒型鳥インフルエンザウイルスではないことは，早い時期に判明していました。ですがこのウイルス株は人類の多くに免疫がないために，感染すると重症化することが懸念されました。現実に流行の初期，メキシコでは多数の死者の発生が報じられ，全世界的な脅威になることが恐れられました。

　日本では2009年5月5日に，海外渡航歴のない男性が発症したのが初例とされます。その後5月9日成田空港に帰国した高校生たちに発症が確認され，やがて日本全国に拡散していきました。まず沖縄県で大きな流行が起こり，8月から冬にかけて全国的大流行が起きました。8月15日には日本国内での日本人最初の死亡例が報告されました。この時の日本の流行は，夏季に大流行が始まったこと，感染者は若年者が主体だったこと，高齢者での重症例が少なかったこと，等が季節性インフルエンザ（この用語も5月初旬に初めて使われました）と異なる点でした。全世界で10億人以上の患者，1万5千万人余

りの死者，日本では 1,500 万人以上の患者，199 人（2010 年 2 月 16 日時点）の死者を出して 2010 年 3 月に流行は終息しました。

2009 年流行のウイルスは H1N1 亜型であり，ブタの H1N1 亜型の北米型およびヨーロッパ型，人香港型と鳥型ウイルスの 4 種の交雑体で，弱毒型でした。人の季節性 H1N1 亜型（ソ連型）と同じ亜型でしたが，抗原性は全く異なっていました。そのために特異的免疫抗体を持たない人が多く大流行となりました。

日本における死者は 199 人で，死亡率は他国に比べて大変低いものでした。「完全に健常である」人の死亡例は低く，死者の 80％以上は，何らかの基礎疾患を持っていた人か，低年齢であり，従来の季節性インフルエンザに対しても，ハイリスクグループとして，重症化しやすく注意が必要であるとされる人々でした。また今回の流行では，季節性インフルエンザと異なり，重症例は 65 歳以下に多く，諸外国で多かった妊婦の死亡例はなく，重症例も少ないものでした。

日本で死者が少なかった理由は不明ですが，国民皆保健制度の存在，早期発見と抗インフルエンザ薬の早期投与が行われたこと，ハイリスクグループに対する治療レベルが高いこと，学級閉鎖や休校が早期に行われたこと，等が要因として挙げられています。

日本政府は，メキシコでの発生が WHO により報告されると直ちに，このインフルエンザは出現が懸念されていた高病原性新型インフルエンザである，との想定のもとに，用意していたいろいろの行政措置を行いました。それは空港での検疫の徹底，感染者および感染が疑われる人の厳重な隔離，発熱外来の設置，厳しい休校措置の指示，などでした。その後このウイルスは鳥インフルエンザではないこと，弱毒型であることが判明し，また日本国内にすでに侵入し，かつすでに流行に入ってしまっていることが判明し，これらの措置は徐々に緩和されていきました。

また，ワクチン行政でも従来行われなかった措置がとられました。政府は，早い時期に新型インフルエンザワクチンの緊急生産を決定しましたが，その後必要とされる量が国内では十分に生産できないことが判明し，海外メーカーからの緊急輸入を行いました。またこの輸入ワクチンは，安全性や効果などについての治験を行わずに接種することとしました。また医療従事者を第一優先接種順位とする，接種順位と接種開始時期の設定を行いました。この優先グループには，従来重視されていなかった，妊娠中の女性，1 ～ 5 歳の児童，1 歳以下の児童及びその両親の優先的接種，といった区分が含まれていました。

また，2009 年の流行の際に，抗インフルエンザ薬の早期投与が重症化を予防する上で有効であるとの日本の考えが世界的に共通理解されました。これ以後，インフルエンザワクチンおよびタミフルへの不信，耐性株出現への不安の声はマスコミで取り上げられなくなりました。

2009 年の新型インフルエンザの流行は，日本の行政に齟齬もありましたが，今後危惧される新興感染症の日本への侵入に対する，貴重な体験だったと思われます。

(11) 鳥型インフルエンザ

H5N1 亜型

　人での流行が懸念されている鳥型インフルエンザH5N1亜型の，人への感染は2006年以降も世界各地で散発的に発生し続けています。2007年から2014年までの，感染者数・死者数を表7-7にあげました。これまでの傾向と同様に，エジプト，インドネシア，カンボジア，ベトナム，中国等を中心にして感染者が発生しています。従来の例と同じく，死亡率は大変に高いのですが鳥インフルエンザが人から人へ伝搬した例はまだ確認されていません。

　鳥インフルエンザH5N1亜型が人に感染し，重症化する理由はある程度解明されてきました。鳥H5N1亜型ウイルスは細胞表面の鳥型レセプターにしか付着しません。したがって，鳥型レセプターが存在しない，人の鼻腔，気管支，咽頭に鳥H5N1亜型は付着できません。ところがH5N1亜型に感染した人で，肺の奥深くの一部の細胞に鳥型レセプターが存在することが分かりました。すべての人が鳥型レセプターを持っているかどうかについては分かっていませんが，このレセプターを持つ人は，肺の奥までH5N1ウイルス粒子を吸引すると，これに感染する可能性があります。今までH5N1亜型に感染した例は，家禽との密接濃厚な接触があり，ウイルス粒子を多数含む糞便などの微細粒子

表7-7　世界各国の人への鳥型インフルエンザH5N1亜型感染例（2007年以降）

発生年	国名	感染者数	死亡数	死亡率%	発生年	国名	感染者数	死亡数	死亡率%
2007	カンボジア	1	1	100	2011	バングラディシュ	2	0	0
	中国	5	3	60		カンボジア	8	8	100
	エジプト	25	9	36		中国	1	1	100
	インドネシア	42	37	88		エジプト	39	15	39
	ラオス	2	2	100		インドネシア	12	10	83
	ミャンマー	1	0	0		ベトナム	4	2	50
	ナイジェリア	1	1	100	2012	バングラディシュ	3	0	0
	ベトナム	8	5	63		カンボジア	3	3	100
2008	バングラディシュ	1	0	0		中国	2	1	50
	カンボジア	1	0	0		エジプト	11	5	46
	中国	4	4	100		インドネシア	9	9	100
	エジプト	8	4	50		ベトナム	2	1	50
	インドネシア	24	20	83	2013	バングラディシュ	1	1	100
	ナイジェリア	1	0	0		カンボジア	26	14	54
	ベトナム	6	5	83		カナダ	1	1	100
2009	カンボジア	1	0	0		中国	2	2	100
	中国	7	4	57		エジプト	4	3	75
	エジプト	39	4	10		インドネシア	3	3	100
	インドネシア	21	19	91		ベトナム	2	1	50
	ベトナム	7	2	29	2014	カンボジア	9	4	44
2010	カンボジア	1	1	100		中国	2	0	0
	中国	2	1	50		エジプト	30	9	30
	エジプト	39	4	10		インドネシア	2	2	100
	インドネシア	21	19	91		ベトナム	2	2	100
	ベトナム	5	5	100					

WHO HP http://www.who.int/mediacentre/factssheets/avian influenza/en/　より引用

7 人と動物の共通感染症と新興感染症

を，肺の奥まで吸引するような環境条件で生活していた人に多いことは，この知見を反映するのかもしれません。

鳥型インフルエンザに人が感染しにくいもう1つの理由は，両者の体温の違いにあります。鳥型インフルエンザのRNAポリメラーゼ（遺伝子増幅酵素）活性の至摘温度は，鳥の体温の40〜42度です。人の体温はこれより低く，鼻や上部気道粘膜では34〜36度です。この温度の違いが，鳥インフルエンザが人では増殖しにくい理由の1つです。

また強毒型インフルエンザでは，ヘムアグルチニン（赤血球凝集素：細胞表面にウイルスが付着するときに機能する糖タンパク分子）分子の，開裂（細胞内への侵入増殖に必須の機序）位置で，弱毒型には存在しない，アミノ酸配列の変異が起こっていることがわかりました。弱毒型では，この場所を開裂できるタンパク分解酵素は特殊なもので，人では呼吸器上皮細胞にしか存在しません。したがって弱毒型インフルエンザでは呼吸器での局所感染しか起こりません。ところが強毒型では，全身の細胞に存在する一般的な多種類のタンパク分解酵素がこの開裂をおこすことができるように，アミノ酸配列が変異してしまっています。そこで強毒型が呼吸器に感染し増殖すると，ウイルスは血流によって全身に拡散し，全身の細胞で増殖し，脳・心臓・腎臓・肝臓・血管などの臓器への全身感染をおこしてしまいます。このような時，症状は弱毒型とは比較にならないほどに重くなります。ニワトリの場合，高病原性鳥インフルエンザウイルスはこのような全身感染をおこし，致死率は異常に高い（ほぼ100%に達する）ことが養鶏業では昔から恐れられてきました。人への鳥インフルエンザH5N1亜型強毒株感染でも同じような現象が起こると考えられています。さらに人では，強毒型インフルエンザの感染によって，サイトカインストームと呼ばれる，免疫系細胞の異常で急激で過剰な，生理機構の暴走と呼べるような，免疫機構による過剰な障害反応がおこることがあり，これが起こったときには大変に重症化します。

鳥インフルエンザH5N1亜型は，東南アジア等の鳥類の間ですでに常在化したと考えられていて，ニワトリでの発生は日本を含めた東南アジアで頻々と起こっています。このような状況でありながらH5N1亜型は1997年以来2014年までの累積患者数は694人，死者402人にとどまっています。日本国内でも，ニワトリでの強毒型H5N1亜型ウイルスの発生は今まで多数起こっていますが，人でのH5N1亜型感染例はまだありません。このことは，H5N1亜型は人には感染しにくいこと，また人から人への流行も起こしにくいことを示すものかもしれません。

H7N9亜型

2013年3月，中国で鳥インフルエンザH7N9亜型の，人への初めての感染が確認されました。この後，中国ではH7N9亜型の感染者は急増し，2014年末までに浙江省（患者138名），広東省（患者91名），江蘇省（患者43名），上海市（患者41名），福建省（患者21名），海南省（患者17名）などの，12省，3市，1自治区（他に台湾で2名，マレーシアで1名［これは輸入例］）で感染者が報告されています。春季を中心にして，初め

て人への感染が確認された2013年のシーズンには137名の感染者が発生し45名の死者（2013年10月25日まで），翌2014年は3月25日までに，394名の感染者，118名の死者が報告されています（2014年7月14日までは感染者431名）。人への感染はH5N1亜型と同じく，家禽との密接な接触が原因とされています。しかし，なぜ2013年の春にH7N9亜型が突然現れ人に感染するようになったかについてはわかっていません。鳥インフルエンザH7N9亜型は，1年当りの感染者数がH5N1亜型よりも多いこと，H5N1亜型ほどではないけれど死亡率が大変高いこと，患者は中国に限局しかつ中国の広い地域に分布していること，発生に季節的な集中の傾向があるなどの特性があり，今後の感染の拡大が懸念されています。

新型コロナウイルス［SARS-CoV-2］

コロナウイルスはRNAウイルスで，直径120〜160 nm，脂質二重膜のエンベロープを持ち，表面にコロナの名称の由来となったSたんぱくが存在します（SたんぱくはインフルエンザウイルスのHAたんぱく等と機能が類似し，1つの分子内に親水性・疎水性の相反する部位を持ち，宿主細胞への感染と侵入を行う）。

ヒトコロナウイルスには4つの型があり，毎年流行するかぜ症候群の10〜15％（流行期で35％程度）を占めますが，症状は軽く重視されませんでした。しかし，コロナウイルスで，強い病原性を持つSARS，MERS，新型コロナウイルスが2002年以降次々と現れ，大きな問題になりました。

SARSは2002年中国の広東省で初めて確認され，コロナウイルスでありながら重い肺炎を高率に起こすことにより，大きな衝撃を世界に与えました。30カ国以上で8069人が発症し775人が亡くなりました。MERSは2012年サウジアラビアで確認され，27カ国で2574人が発症し886人が亡くなりました（2021年6月末時点）。共に人獣共通・新興感染症で，ウイルスの起源はSARSではコウモリ，MERSはラクダと推定されています。

新型コロナウイルス感染症は2019年中国の武漢市で初めて確認された新興感染症で，その後急激に拡散し現在（2022年2月18日）世界的大流行が続き，大きな社会的影響を与えています。咳，発熱，強い疲労感，味覚・嗅覚の消失などが特有の症状ですが，SARS・MERSのように重い呼吸器症状を起こすことが特徴です。新型コロナウイルスはコウモリのコロナウイルスに由来すると考えられる一方，センザンコウのものと似ているという報告があります。現在蔓延しているヒトコロナウイルスも，コウモリやげっ歯類が持つウイルスが以前，人間社会に侵入し定着したものではないかと推測されています。

新型コロナ感染症の研究で，マスクの着用は感染飛沫粒子が空中へ飛散することを強く抑えること，社会全体の流行をある程度抑えること，が示されました。またmRNAワクチンの開発は画期的で，新型コロナ感染症の流行に際していち早く使用され大きな福音となっています。このワクチンによる重大な副反応の発生は現時点では報告されていません。

参考図書・文献

1）喜田　宏・木村　哲編：　人畜共通感染症，医薬ジャーナル社（2004）
2）清水　悠紀臣ら編：　動物の感染症，近代出版（2002）
3）山内一也：エマージング・ウイルス，日本獣医師会雑誌，49（1），pp1-6（1996）
4）山内一也：人獣共通感染症，感染炎症免疫，30（4），pp297-305（2000）
5）森田幸一：最近20年間に出現した感染症と地球マップ，綜合臨牀，50（3），pp427-430（2001）
6）高島郁夫：人獣共通感染症の概要と最近の話題，感染炎症免疫，34（4），pp236-243（2004）
7）喜田　宏：動物からヒトへ-人獣共通感染症を克服するために，診断と治療，92（12），pp2289-2295（2004）
8）山根逸郎：獣医学のトピックス「人獣共通感染症」公衆衛生，68（5），pp363-368（2004）
9）甲斐知恵子：ニパウイルス感染症，日本臨牀，61（増2），pp292-295（2003）
10）川名明彦ら：重症急性呼吸器症候群（SARS: Severe Acute Respiratory Syndrome）に関する知見，感染症学雑誌，77（6），pp303-309（2003）
11）佐多徹太郎ら：ウイルス性出血熱，日本臨牀，61（増2），pp281-287（2003）
12）倉田　毅：ラッサ熱，綜合臨牀，52（増），pp1255-1259（2003）
13）中嶋健介：狂犬病（リッサウイルス感染症を含む），小児科臨床，68（11），pp2244-2251（2005）
14）ポウル橘谷・太田正樹：ニパウイルス感染症，日本臨牀，63（12），pp2143-2153（2005）
15）西條政幸：ウイルス性出血熱の臨床，日本臨牀，63（12），pp2161-2166（2005）
16）大槻公一：鳥インフルエンザ，公衆衛生，70（10），pp752-757（2006）
17）有川二郎：腎症候性出血熱，日本臨牀，65（増3），pp112-116（2007）
18）有川二郎：ハンタウイルス肺症候群，日本臨牀，65（増3），pp126-130（2007）
19）井上　智・野口　章：リッサウイルス感染症，日本臨牀，65（増3），pp157-162（2007）
20）厚生労働省HP：感染症情報，http://www.mblm.go.jp/stf/seisakunitsuite/bunya/kenkou-iryou/kekkaku-1
21）厚生労働省HP：厚生労働省インフルエンザ情報，http://www.jp.ask.com/ans?q
22）国立感染症研究所HP：http://www.nih.go.jp/niid/ja
23）国立感染症研究所感染症疫学センターHP：http://www.nih.go.jp/niid/ja/from-idsc.html
24）WHO HP：http://www.who.int/crs/20140813/ebola/en　http://www.who.int/crs/don/en　http://www.who.int/infuluenza/en
25）内閣官房新型インフルエンザ等対策室HP：http://www.cas.go.jp/jp/influenza/tori-inf/siryou140325.pdf
26）日本旅行業会HP：旅行統計2014，http://www.jata-net.or.jp/data/stats/2014/05/html
27）田代眞人：新型インフルエンザの危機対応，モダンメディア55，pp153-176（2009）
28）朝日新聞縮刷版：2009年度，2010年度，2014年度
29）Newton別冊：ウイルスと感染症，ニュートンプレス（2015）

生活環境の変化とからだの反応

8　放射線の環境拡散と健康影響

　この章を展開するにあたっては，2011年に発生した東日本大震災，引き続いて起きた福島第一原子力発電所事故と原子炉崩壊による放射能汚染を抜きに語ることはできません。まず本章では，放射線に関する基本的事項，放射線と生体との関わりを理解した上で，放射性物質の環境汚染問題と対策について言及します。

8.1　自然放射線と人為的放射線

　宇宙からはいつも宇宙線といわれる放射線が降りそそぐ一方，地球を構成しているマントルや地殻には放射線を出す性質をもった元素が数多く含まれ，大地からも放射線を受けています。微量の放射線を出す物質は，どこにでも存在し，食物にも含まれています。必然的に，人の体内から微量の放射線が検出されます。生命は誕生したときから「自然放射線」とされる放射線を受けながら生命をつないできたといえます。しかし，この放射線の存在から有用性や危険性が知られるようになったのは百数年前であり，課題も多いとされます。生命は，「自然放射線」レベルに対しては，修復機構を備え（後述）共存してきましたが，あるレベルを超えると生命の基本とされる遺伝子DNAの複製損傷や細胞修復機能阻害が強まるとされます。

　人為的といわれる放射線の研究は，1895年にドイツのレントゲン博士が実験中に偶然に見つけた不思議な光から始まります。また1898年，キュリー夫人（マリー・キュリー）は，ウランを含む鉱物から，ポロニウムとラジウムという放射線を出す物質（放射性元素）を分離することに成功しました。さらに，ラジウムなどの元素が放射線を出す性質のことを「放射能」と名づけました。X線や蛍光の線源，放射性物質の分離や濃縮など，世界中で研究を重ねるうちに，放射線の実体が飛躍的に解明されました。特に，ウラン235は原子核崩壊時に中性子と各種の放射物質，膨大なエネルギー放出することが発見さ

生活環境の変化とからだの反応

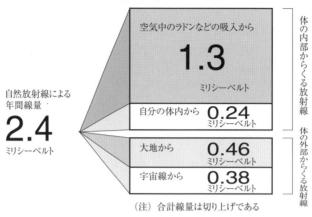

図 8-1　自然放射線の量
（UNSCEAR：国連科学委員会 1993 年報告）

れ，兵器として開発されたのが原子爆弾，平和利用の象徴とされたのが原子力発電です。

8.1.1　放射線の種類

　放射線として電波や紫外線のような電磁波，全般を含めることもできますが，一般的には物質と反応して「電離を起こすもの」を放射線とよんでいます。この電離を起こす放射線にはアルファ線やベータ線，ガンマ線，X 線，中性子線などがあり，電磁波，放射線，粒子線，波長，エネルギーの関係は図 8-2 のようになります。

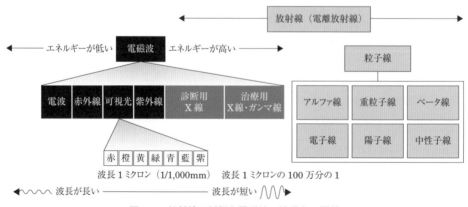

図 8-2　放射線の種類と電磁波，波長との関係

8.1.2　放射線の透過力と半減期

　放射性元素の特性は，透過力と放射線を出す能力が半分に減少するまでの時間，いわゆる半減期で示されます。鉄以上の重い元素には安定なものと不安定なものがあり，不安定

な元素は，アルファ線やベータ線，ガンマ線，中性子線などの放射線を放出することによってより安定な元素になろうとし，安定な元素になるまで放射線を出し続けます。物質に電離を生じさせる強さは，物質を透過する能力と関連し，図8-3のように表現されます。

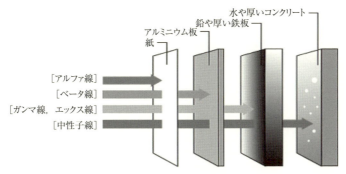

図8-3　粒子線の物質透過力

半減期は放射性元素の種類によって大きく異なり，一瞬の何百万分の一秒というものから何万年というものまであります。半減期の短いものは，エネルギーを短時間で放出してすみやかに放射性物質としての能力が少なくなり，半減期の長いものは放射能が少しずつ減少する反面，長期にわたってその能力を有するととらえることができます。

8.1.3　放射線に関する単位

　放射能や放射線の強さと量をとらえる単位として，レントゲン，ラド，ベクレル，レム，グレイなど発見者や研究者に因んでさまざまな単位が使われ，それぞれの換算も複雑です。これが放射線の理解を妨げる要因にもなってきました。

　現在は，世界的に放射能の単位には，ベクレル（Bq）を用いるようにしています。ベクレル（Bq）は，単位体積当りまたは単位重量当りに含まれる放射性物質が1秒間に崩壊する原子の個数を放射能の強さとしてBq/LやBq/kgの形式で表示します。

　放射線の単位には，グレイ（Gy），シーベルト（Sv）を用います。グレイは，物質や生き物（環境）がどのくらい放射線のエネルギーを吸収したかを表す量です。1Gyは物質1kg当り，1ジュールのエネルギー吸収を与える量です。シーベルトは，放射線が人体に及ぼす影響を含めた線量となり，単位時間（1時間，1年間，生涯など）で示します。放射線が生物に及ぼす影響は，放射線の種類やエネルギーによって異なりますが，単位としては，1,000分の1を意味するミリシーベルト（mSv/y），100万分の1を意味するマイクロシーベルト（μSv/h）が通常使われます。以下に，単位の概要と換算を示します。

ベクレル（Bq）	放射性物質が放射線を出す能力を表す単位（放射能の強さを表す）
グレイ（Gy）	放射線のエネルギーがどれだけ物質に吸収されたかを表す単位
シーベルト（Sv）	放射線を浴びた時の生体（人体）への影響度を示す量的単位

生活環境の変化とからだの反応

◆ベクレル（Bq）とシーベルト（Sv）の換算例

100Bq/kg の放射性セシウム 137 が検出された飲食物を 1kg 食べた場合

100Bq × 1.3 × 10^{-5} ※ = 0.0013mSv = 1.3 μSv

※実効線量係数（mSv/Bq）：ベクレルからミリシーベルト（mSv）に換算する係数で，放射性セシウム 134 では 1.9 × 10^{-5}，放射性セシウム 137 では 1.3 × 10^{-5} とされている。

◆グレイ（Gy）とシーベルト（Sv）の換算例

1Gy/h = 0.85Sv/h

※原子力安全委員会が環境放射線モニタリング指針（2008 年 3 月）で提示した値

8.2 放射線の生体影響

私たちが放射線にさらされたり，浴びたりすることを被曝（ひばく）すると表現します。放射線の生体影響は線量に関連し，時間経過とともにさまざまな影響が現れます。放射線を浴びた本人のみに現れる影響を身体的影響，がんの発症やその子孫に現れる影響を遺伝的影響としています。また，放射線の影響が現れるまでの時間や期間により，急性影響と晩発影響に分類することができます。さらに，放射線影響の発生と被曝線量に着目した場合には，確定的影響と確率的影響に分類することができます（図 8-4）。

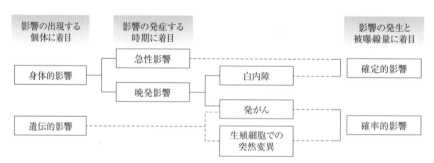

図 8-4　放射線による生体影響の分類

8.2.1　確定的影響と確率的影響

確定的影響には，急性影響でみられる症状や晩発影響でみられる白内障があります。確率的影響には，がんや染色体異常，遺伝的影響があります。

確定的影響には図 8-5 に示すように，影響が観察される最低の線量となる「しきい値」が存在するという特徴があります。確定的影響において「しきい値」以下でも細胞で何らかのダメージが生じていますが，組織や器官の機能低下には直接つながらないので，症状は観察されません。「しきい値」以上では，個体差はありますが，大部分の人に特有の症状が現れます。また，確定的影響の特徴として，線量が増加するにつれて S 字型とされる影響が観察されます。

確率的影響においては，線量の増加に伴って影響の発生頻度（確率）が高くなります。

確率的影響には「しきい値」がなく，DNAや修復機構の損傷に伴う発がんや遺伝的影響はどんなに低い線量においても線量に相関した影響があらわれると推測されています。なお，確率的影響においては，影響度が100万人当たり1人となる値を実質安全容量として提案される場合があります。

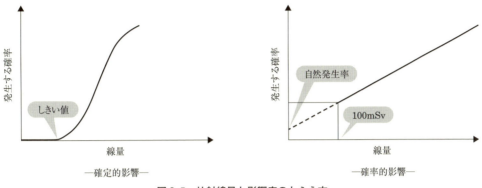

図8-5　放射線量と影響度のとらえ方

8.2.2　放射線の急性影響

急性影響とは，強い放射線を浴びた直後から数ヵ月の間に現れてくる身体への影響です。活発に分裂している造血組織，皮膚，消化管などの細胞は放射線の影響を受けやすく，顕著な症状が現れます。全身被曝をした場合，0.5シーベルトくらいから放射線感受性の高い造血細胞で影響が現れ始め，1シーベルト以上の放射線を浴びると，悪心，嘔吐，全身倦怠などの症状が現れます。さらに強い線量を浴びた場合には，各種の血球減少が起きるとされます。非常に高い，数十シーベルト以上の被曝では，中枢神経に影響が現れ，意識障害やショック症状を伴います。

皮膚や消化管への影響は図8-6に示されますが，線量と生体影響との関連は1986年に起きたチェルノブイリ原発事故や1999年に起きた東海村JCO臨界事故で被曝した人たちに現れた症状が含まれています。

8.2.3　放射線の晩発影響

晩発影響は，急性障害から回復したあと，数ヵ月から数年後に現れる身体への影響で，がんや白内障などがあります。広島や長崎の原爆被害者の疫学調査からも，放射線被曝によって発がんリスクや，白内障の発症頻度が高くなることが明らかにされています。被曝線量との関係では，0.1グレイ未満の被曝線量の場合，放射線の発がんリスクは明らかにされていませんが，1グレイ浴びると，がんのリスクが1.5倍高くなることが明らかにされています。

放射線の被曝によって最も高くなる発がんリスクは白血病です。原爆被害者の白血病は被曝後2〜3年で影響が現れ始め，約6〜8年でピークに達し，その後減少しました。

生活環境の変化とからだの反応

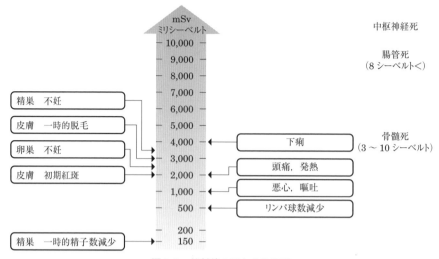

図8-6　放射線の量と急性障害

白血病以外のがん（固形がん）に関しては，膀胱がん，乳がん，肺がん，卵巣がん，甲状腺がん，大腸がんなどで放射線と発がんリスクに関連が観察されています。固形がんは，被曝後，10年くらいから発がんのリスクが高まり，今も増加しているとされています。

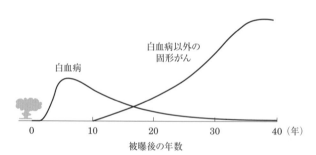

図8-7　放射線被曝後の時間的経過による誘発がん可能性
（加藤寛夫他，「原爆放射線の人体影響」，文光堂（1992））

　原子力発電所周辺では，万一の事故に備えてヨウ素剤が保管されています。発電所事故の放射能汚染でとりわけ問題となるのは，放射性ヨウ素により甲状腺がんが増加する懸念です。チェルノブイリ周辺では，死亡例はわずかですが，放射性ヨウ素に汚染されたミルクを飲んだとする子どもたちに事故後4，5年経てから小児甲状腺がんの増加が認められたと報告されています。福島では，2011年3月に0歳から18歳だった県民を対象に甲状腺検査が継続的に実施され，2014年12月の「県民健康調査」検討委員会（星北斗座長）報告で，112名が「甲状腺がん/がんの疑い」ありと診断されました。なお，子どもの甲状腺がんの発生頻度は，年間100万人に1～2人程度とされています。
　一般的にヨウ素は不足しがちな必須元素（チロキシンホルモンの構成要素）なので体内

にすみやかに取り込まれるとされています。日本人は海藻などヨウ素を多く含む食物を食べることから、放射性ヨウ素の取り込みは低く抑えられると推測されますが、検証はされていません。

8.2.4 放射線の遺伝的影響

遺伝的影響とは、放射線を受けた本人ばかりでなく、その子孫に現れる身体影響です。遺伝子DNAが損傷を受けて細胞の複製機能が阻害されたり、血液のがんと言われる白血病を患ったり、精子や卵子などの生殖細胞に異常が生じたりして、その後受精して成長した個体に現れる影響です。広島や長崎の被曝者の調査においては、生殖細胞の異常による遺伝的影響は観察されていません。

（1） 放射線によるDNAの損傷

核酸の二重らせん構造を基本とする遺伝子DNAは、紫外線や放射線を受けると切断される性質を持っています。特に、中性子線やアルファ線は、切断する能力が高いとされます。遺伝子切断に対して、細胞は修復機構を備え、切断された遺伝子DNAは修復されます。特に、二本鎖のうちの一本が切断されても相補的にすみやかに修復されます。二本鎖が同時に切断された場合にも、相同組換え修復とよばれる経路と非相同末端結合とよばれる2つの経路が存在し、さまざまな酵素が複雑に働いて、修復されることが実験的に確認されています。一方、X線やガンマ線、ベータ線は細胞内の水溶液を電離させて修復を妨げ、DNAを間接的に損傷するとしています。

いずれにしても、放射線の種類によりDNAに与える影響が異なるので、放射線の種類やエネルギーに応じて荷重係数を定め、吸収線量にこれらの係数を乗じた値を等価線量として用います。X線やガンマ線、ベータ線の荷重係数を1（原子力安全委員会は0.85）とすると1グレイの被曝は1シーベルトに相当します。それに対して、中性子は周囲の原子核と直接反応を起こしやすく、影響が大きいいので、速度に応じて荷重係数を5から20と定めています。

（2） 細胞の修復と選択

高レベルの放射線を受けたとき、細胞は単にDNA損傷を修復するだけではなく、積極的に生体をDNA損傷から防御するメカニズムを備えています。メカニズムとしては、DNAに異常がないかをモニターし、異常が生じれば細胞の増殖を制御します。メカニズムには、タンパク質リン酸化酵素を中心とした数多くのタンパク質を含むシグナル伝達系が関与し、最終的に「DNAの修復と再生」「複製の停止」「アポトーシス（自死）」の3つの選択肢が選ばれます。このメカニズムにより、有害なDNA変異を持つ可能性のある細胞を排除し、個体を守ります。

一方、がん治療法の1つとして放射線利用が進んでいます。複数の角度から放射線をがん巣にピンポイントで照射して、がん細胞の死滅を促すもので二律背反的側面があります。

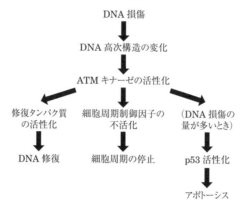

図 8-7 DNA 変異を受けた細胞の修復と選択
（放射線の生物への影響，ぶんせき，2011.09 より）

　また細胞は，放射線以外に活性酸素や紫外線，ベンツピレンなどから DNA 損傷を引き起こすさまざまな刺激を受けています。これらによって DNA 変異を受けた細胞の修復と選択には，同様のメカニズムが働きますが，細胞内には，活性酸素を吸収する物質や，スーパーオキサイドジスムターゼなど活性酸素を分解する酵素が存在します。

　短期の観察では，少量の放射線から時間をかけて被曝するケースにおいては，細胞の修復機構が機能すると考えられる一方，観察が不可能な長期の何世代にもわたる挽発影響を排除することはできません。したがって，不必要な放射線の被曝は可能な限り少なくすることが求められます。

8.3　環境に放出された放射性物質の管理

8.3.1　放射性物質の拡散と廃棄物処理

　チェルノブイリ原発事故においても福島第一原発事故においても，環境中に大量のウラン，プルトニウム，セシウム，ストロンチウム，放射性ヨウ素などが放出され環境汚染による生体影響が懸念されています。事故を起こした敷地内は，危険なレベルで立ち入りそのものが厳重に管理，制限されますが，放射性物質が広範囲に飛散してしまった地域では，正確な実態把握と除染が必要となります。これらは困難で長期間にわたる作業になります。さらに，長期的には放射性廃棄物の処理と保管が課題となります。

　原子力発電所からは，原子炉で燃焼した燃料棒（使用済燃料）から作業員が使用した衣服や除染に用いた水など多岐に渡る放射性廃棄物が出ます。核燃料製造施設，核関連施設または放射性同位体（RI）を使用する実験施設，病院の検査部門（ガンマ線源の廃棄物等）から排出される物質も放射性廃棄物とされます。事故で拡散した放射性物質やそれらを含む様々な物質も放射性廃棄物となります。さらに，運用が終了した原子力発電所の解体時には，放射化により放射能を持った原子炉そのものが放射性廃棄物となってしまいます。

8 放射線の環境拡散と健康影響

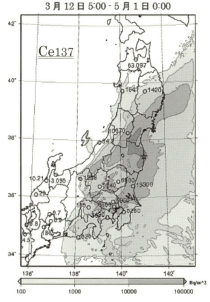

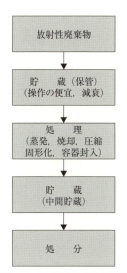

図 8-9 セシウム 137 の沈着予測図
（文部科学省による環境放射能水準調査結果に基づく，2011）

図 8-10 放射性廃棄物の処理

　これらの取り扱いは，原子力基本法に規定されています。また，環境基本法等において放射性物質は，廃棄物処理法で対象とする産業廃棄物としてではなく，最終処分事業は原子力発電環境整備機構（NUMO）が担うことになっています。懸念されるのは，放射性廃棄物が，大気や水，土壌を汚染する有害な産業廃棄物とはされず，一般廃棄物のように処理しても責任を問われない可能性を含み，安全な処理は内部努力に委ねられていることです。

8.3.2　安全と安心の相違

　チェルノブイリ原発事故は，原子力発電史上最悪の事故と言われています。爆発し崩壊した原子炉から放出された放射能は，北半球のほぼ全域を汚染し，8,000km あまり離れた日本にも飛んできました。事故から 3 ヵ月後，旧ソ連政府は，IAEA（国際原子力機関）に対し，チェルノブイリ事故に関する報告書を提出していますが，事故直後にチェルノブイリ原発周辺 30km から 13 万 5 千人の住民が避難したとしています。さらに 5 年後の 1991 年 5 月に，旧ソ連最高会議は，高汚染地域の住民 28 万人を移住させるという決議を採択しています。当時のソ連では，経済が低迷していたため，避難や移住を強いられた人々のほとんどは失業し，政府の援助も受けられなかったとしています。結果的に 20 万人が家を失い，1,250 人がストレスで自殺し，10 万人以上が妊娠中絶したと推定されています。

　福島でも，図 8-9 に示されたように，原発から北西方向へ高濃度の放射能汚染がもた

らされ，公的に警戒区域や避難指示区域が指定されました。それら以外でも「ホットスポット」と呼ばれる高線量の地点では，住民の生活や産業など住民生活全般に深刻な影響がもたらされ，避難指示区域に指定された地域以外からも，「自主的に」多数の人々が避難しました。県内外に避難する福島県の被災者は，ピーク時にはおよそ16万2千人に及び，4年後でもその人々はおよそ10万人とされています。

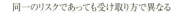
同一のリスクであっても受け取り方で異なる

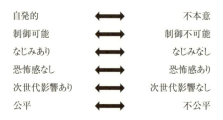

図8-11 「安心」「安全」面からのリスクの認知

　被災者の健康被害は，放射線による直接的な被害について注目されますが，続けられなくなった日常，不安や悩みからくるストレス，予期しない病気，自殺など間接的な影響も健康被害と言えます。現ロシア政府によるチェルノブイリの報告書では，「事故に続く25年の状況分析によって，被害全般と放射能による健康阻害という要因を比較した場合，精神的ストレス，慣れ親しんだ生活様式の破壊，経済活動の制限，事故に関連した物質的損失といった事故から派生した社会的・経済的影響の方がはるかに大きな被害をもたらしている」としています。

　「安全」と「安心」は同意義語のように扱われることがありますが，図8-11のように内容は大きく異なります。「安全」は客観的に定量的に把握することが可能で，「安心」は脳やこころの機能と関連し，定性的と言えます。いずれも人としては重要な要素であって「安全と安心」を同時に得ることによって間接的な被害も防ぐことが可能となります。

8.3.3 デュープロセスに基づく対処

　デュープロセスとは「何人も法の定める適正な手続きによらなければ基本的人権は制約されない」とする米国憲法の原則に由来する手続きとされますが，社会に重大な影響を及ぼしうる政策を進める際に取るべき適切な手続き一般を指します。

　人々が抱える放射能の「不安」について国や自治体は，放射線リスクの理解不足が主な原因とし，「正しい理解」の啓蒙がこの間進められてきました。しかし不安には，被曝以外の健康影響，孤立化や生活再建の見通しに関するものもあり，放射能の知識だけでは解消できない面があります。国連科学委員会（UNSCEAR）の2000年の報告では，「不安に対処するには住民自身が，自己決定権としてリスクを低減できるようにすることが有効

であり，そのためには住民と地方行政の協力が重要である」と指摘しています。また，UNSCEAR の 2008 年の報告では，チェルノブイリ事故で被曝した住民に医学的に説明できない身体症状も含めた心理的・身体的影響が見られ，かなりの部分は，被曝の直接的影響ではないにしても，事故の影響であることは明らかであるとしています。

健康被害をもたらす要因に対して，私たちは様々な対処を行って「安全と安心」を得ようと試みますが，地域の人々の自己決定権を基本としたデュープロセスに基づく対処が不安の軽減につながります。

福島第一原発事故後，大規模な調査や検査が行われていますが，放射線の健康影響に関して結論に至るまでの十分な疫学データが揃っているとは言えません。科学や医学だけで間接的影響を含めた健康被害は説明できません。長期的な間接的影響も含めて，十分に解明される必要があります。現時点においては，スリーマイル島や東海村 JCO 臨界事故，チェルノブイリや福島の実態，進行状況から学んでいくしかありません。

参考図書・文献

1) 永目諭一郎：超重元素の化学，基礎科学ノート，Vol11，No.1，2004
2) 広島県医師会：知っておきたい放射線の正しい知識，救急小冊子，2011
3) 泉　雅子：放射線の生物への影響，ぶんせき，第 9 号，2011
4) 吉田　聡：原発事故による環境汚染と森林生態系への影響，グローバルネット，265 号，2012
5) 木村真三：放射能汚染を越えて，予防時報，Vol.248，2012
6) 鈴木眞一：原発事故後の福島県内における甲状腺スクリーニングについて，日本甲状腺学会学術集会，2014
7) 丹波史紀：原発災害における避難者の現状と課題，消防科学と情報，No.116，2014

9 アレルギー性疾患の増加とその背景

　すでに，感染免疫の事項で学んだように，接触したり，外から入ってきたりする自分以外のもの（非自己または異物）から自分を守る機構として免疫システムがあります。しかし，生存のために不可欠な免疫システムが，常に，正常に機能するとは限りません。誤作動する場合もあります。自分の組織や器官に異常を引き起こす場合もあります。免疫の異常反応によって引き起こされるのがアレルギーや自己免疫疾患です。

　アレルギーは，文明病ともいわれ，先進国といわれるほどアレルギーを有する人が多くなり，アメリカでは3人に1人が何らかのアレルギーを持っているとされています。大気汚染，衛生状態，食生活や住居環境の変化，過剰なストレスが増加の要因と疑われています。本項では，アレルギーに関する基礎的事項を理解し，ぜん息，食物アレルギー，花粉症，化学物質過敏症などについて状況を整理します。

　なお，自己免疫疾患は，本来自分を守る免疫細胞（リンパ球）が，自己の組織を非自己として認識して強く反応し，組織を破壊して自らの生命をもおびやかす，治療の困難な疾患です。自己免疫疾患の代表として橋本病，若年性糖尿病，悪性貧血，リウマチ熱などがあげられますが，これらは難病として知られています。

9.1 アレルギーに関する基礎的事項

　免疫反応は，生体の恒常性を保つために，有害な作用を持つ微生物を含めた非自己（異物）を排除するためのものです。通常，知られている免疫反応は高度に特異的ですが，特異的な面だけで非自己を排除することができなく，必ず非特異的な側面を持っています。例えば，微生物の侵入に対して抗体が結合したとき，抗体が結合するだけでは微生物を完全に不活性化し，排除することはできません。抗体が結合した微生物に補体による膜侵襲複合体（補体活性化）が作用し，マクロファージが複合体を取り込んで分解することによって排除されます。この段階に特異性はありません。マクロファージは活性酸素を放出して微生物を死なせますが，活性酸素は微生物に作用すると同時に，周囲の組織や細胞にも損傷を与えます。補体活性化の過程で生じるアナフィラトキシンも組織に障害を与えます。このように，免疫反応には生体を防御するための強力な作用と，それに伴う有害な側面とがあります。また，進化の過程で寄生虫などに対応していたIgE抗体が，本来無害な花粉などと結合して炎症反応を起こすこともあります。免疫反応で，有害な側面が強く現れて生体に害を与える場合，その反応を過敏反応，あるいはアレルギー（allergy）反応といっています。そして，アレルギーをもたらす原因物質をアレルゲンとしています。

　アレルギーは，発症のメカニズムによってI型からIV型までの4種類に分類されます

が，一般にアレルギーと称されているのはⅠ型とⅣ型です．4種類の型は，表9-1のように整理されますが，Ⅰ型は即時型ともされるIgE抗体によるもの，Ⅱ型は組織や細胞の表面の抗原に対する抗体によるもの，Ⅲ型は体液中で形成された抗原抗体複合体によるもの，Ⅳ型は非即時型とされるT細胞が作用するものです．

表9-1 アレルギーの分類

型	発症に要する時間	メカニズム	例
Ⅰ IgEによる過敏症	2～30分	肥満細胞に結合したIgE抗体に抗原が結合して架橋，それによってメディエーターが放出される	全身性アナフィラキシー 気管支喘息 花粉症
Ⅱ 抗体による細胞障害	5～8時間	細胞表面の抗原に抗体が結合して，補体の活性化またはADCCにより細胞障害	血液型不適合輸血における溶血 自己免疫性溶血性貧血
Ⅲ 免疫複合体による過敏症	2～8時間	抗原抗体複合体が組織に沈着し，補体を活性化して組織を障害	血清病 糸球体腎炎 関節リウマチ
Ⅳ 細胞性免疫による過敏症	24～72時間	感作されていたT_DTH(=Th1)細胞が抗原刺激を受けてリンフォカインを放出し，マクロファージやCTLが活性化されて組織を損傷する	接触性皮膚炎 肉芽腫 移植における拒絶

Ⅰ型（即時型）には，花粉症（アレルギー性鼻炎），食物アレルギー，気管支ぜん息などがあり，症状が現れる場所は異なりますが，IgE抗体が関係するという基本的な反応は同じです．また，ハチの毒が原因となるショック症状やペニシリンなどの薬剤が原因となるショック症状も，花粉症などと同様のⅠ型アレルギーですが，アナフィラキシーショックともよばれ症状が全身におよび，数分で生命が危険な状態に陥る場合もあります．

9.2 アトピー素因とアレルギー発症のメカニズム

基本的にアレルギーは，遺伝的体質（アトピー素因）と関係します．しかし，純粋に遺伝子の作用だけであれば，アレルギーは増加することはありません．近年，アレルギーは著しく増加し，社会問題となっています．最近のとらえ方としては，アトピー素因となる遺伝子を持たない人は少なく，ある程度の量とされる許容範囲では，アレルギーを呈することはなく，これを超えるとアレルギー体質に転換するとしています．大気汚染，衛生状態，食生活や住居環境，過剰なストレスなどによる環境の変化が許容範囲を超えさせる誘因になっていることが明らかになりつつあります．

最も一般的なⅠ型アレルギーのしくみを図9-1に示します．原因となる花粉などに含まれるアレルゲン（抗原）が鼻や気管などの粘膜から体内に侵入することがアレルギー発症の第一のプロセスになります．まず，侵入した抗原を異物と認識し，その抗原をマクロ

ファージが貪食したり、抗原提示細胞が細胞内に取り込んだりします。抗原を取り込んだ抗原提示細胞は、次に抗原情報をT細胞（CD_4T細胞）に伝えます。最終的にヘルパーT細胞の1つであるTh2細胞からインターロイキンという物質（サイトカイン）が出され、その働きにより抗原（アレルゲン）と結合したB細胞からIgE抗体が産生されます。B細胞から産生されたIgE抗体は、続いて、マスト細胞と結合します。マスト細胞の表面にはIgE抗体と強く結合するレセプター（受容体）があり、IgE抗体はレセプターに結合します。このように、同じ抗原（アレルゲン）が再び体内に侵入したとき、すばやく対処できるよう準備が整います。この状態を「感作（IgE抗体はマスト細胞の表面に結合した状態で待機）」といっています。なお、通常の免疫過程では、IgAやIgG、IgMが働きます。

この状態でアレルゲンが再び侵入するとIgE抗体はアレルゲンと結合してマスト細胞や好塩基球の細胞表面に結合し、細胞や組織に炎症を引き起こすヒスタミンやロイトコエリンといった化学伝達物質を放出させます。過剰に放出された化学伝達物質が周囲の血管や平滑筋などに作用して、さまざまなアレルギー症状を呈します。

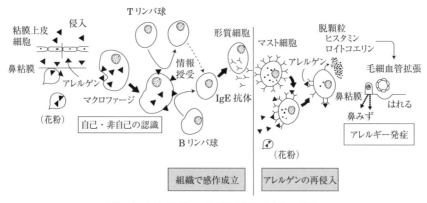

図9-1　アレルギー（I型）発症のメカニズム

アレルギー増加の原因として、藤田は、アレルギー反応と密接に関連するIgE抗体は、主として人類が誕生する以前から類人猿に寄生していた寄生虫に対応するための抗体で、寄生虫によって誘導されたIgEはアレルギーを発症させないとしています。数10万年の間、大部分の人は寄生虫を保有していましたが、この数10年で保有する人はごく一部となりました。劇的な変化に対して、働きの場を失ったIgEがアレルゲンと結合してアレルギーを引き起こしていると指摘しています。また、アレルギーの増加は、さまざまな劇的な環境の変化に対して、生体防御を司る免疫システムが、からだの内部で対応できないという信号を発しているともとらえることができます。

9.3 さまざまなアレルギー
(1) ぜん息（気管支ぜん息）

呼吸器から吸い込んだ吸入性アレルゲンが気管や気管支の粘膜でⅠ型アレルギーを引き起こした場合に気管支ぜん息となります。粘膜を刺激する大気汚染物質とディーゼルエンジンからの黒煙，浮遊物質が主な原因となり，ダニやハウスダストも気管支ぜん息のアレルゲンになります。大気汚染の象徴とされた「四日市ぜん息」を教訓として工場からの汚染物質は法的規制によって著しく減少し，改善されました。乗用車の排気ガス規制も行われています。しかし，学校保健統計調査（図9-2）で調べているぜん息患者数の割合を1993年と2003年で比べると，幼稚園は0.8％から1.5％へ，小学校は1.2％から2.9％へ，中学校は1.0％から2.3％へ，高校は0.7％から1.3％へといずれも約2倍に増加しています。もちろん，乗用車の排気ガス規制が行われても台数が増えることによって総量は減っていないという状況もありますが，現代の社会生活に起因するアレルゲンの増加も見のがせません。なお，幼少期の気管支ぜん息のことを小児ぜん息と呼んでいますが，そのしくみは大人の気管支ぜん息と同じとされています。

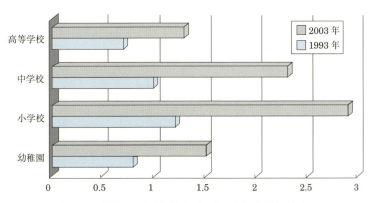

図9-2 学校における気管支ぜん息の有訴者割合（％）
（学校保健統計調査）

症状としての気管支ぜん息は，発作的なけいれん性の呼吸困難で，「ゼイゼイ」と呼吸が苦しくなったり，咳が止まらなくなったりします。それらの症状は，マスト細胞から放出されたヒスタミンなどが気管支の平滑筋を収縮させることによって生じます。また，ぜん息の発作がいったん治まった後，しばらくたってから再び発作が起こることがあります。これにはⅠ型アレルギーの非即時型反応が関係し，マスト細胞が産生するサイトカインによって白血球（好酸球）がある箇所に呼び寄せられ，その白血球の働きで新たな炎症が生じるためです。好酸球主体の非即時型反応は，より深刻な症状を引き起こすことがあるため，病院での処置が必要となります。

(2) 花粉症

花粉症の有症者は，一口に2,000万人，5～10人に1人といわれていますが，日本に

おいて花粉症がアレルギー性の疾患と認知されるようになったのは1960年以降です。それまで，日本には花粉症患者は存在しないとされていましたので，驚くべき増加です（図9-3）。特に，スギ花粉による花粉症が問題となっています。

スギ花粉症では，スギ花粉を抗原として特異的IgE抗体が誘導産生されてアレルギーが発症することになりますが，発症は遺伝的要因と環境要因の相互作用の結果として生じます。ある花粉に対する特異的IgE抗体を保有していても必ずしも花粉症にはなりませんが，予備軍になります。1994年の大学生を対象にしたスギ花粉特異IgE抗体調査では，陽性のものが60～70％に及んでいたと報告しています。スギ花粉に限らず，最近報告されている花粉症に関連する特異的IgE抗体の高い保有率は，誰でも，いつでも花粉症を患う可能性を秘めています。

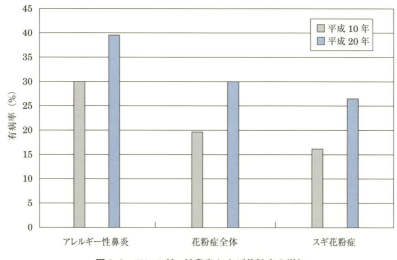

図9-3　アレルギー性鼻炎および花粉症の増加
（鼻アレルギー診療ガイドライン2013年版より）

環境との関連では，スギ花粉症は，第二次世界大戦までに乱伐された森の再生林として，または商業的価値が高い転換林としてスギを大量に植林したことが誘因とされています。しかし，スギ花粉の飛散量が多いと予想される山間部生活者より，市街地生活者に罹患者の割合が高いという現象が見いだされています。「四日市ぜんそく」，「横浜ぜんそく」などの大気汚染に関連した身体影響と花粉症が増加してきた時期が重なることから複合汚染としてもしばしば取り上げられてきました。大気汚染の原因物質とされる硫黄酸化物，窒素酸化物はもとより，トラックなどのディーゼルエンジンから排出される黒煙（浮遊粒子状物質）は，花粉症を憎悪させるという疑いがもたれています。また，気密住宅の普及，カーペット類の多用によるハウスダスト，ダニに対する抗体保有増加も花粉症の憎悪に関連しているとされています。ダニに対する抗体とスギに対する抗体の保有に関して，ダニに対する抗体を持つ人はスギに対する抗体を高い割合で持っていたのに対して，

持たない人のスギに対する抗体保有率は低値であったことが確かめられています。

さらに，魚食から肉食に転換した場合には，アレルギー症状を和らげるエイコペンタエン酸（必須脂肪酸の1つ）の摂取量が減少することによる憎悪効果が懸念されます。また，アレルギー反応に類似する化学物質過敏症の増加も偶然とはいえません。いくつかの現象から花粉症は，大気環境の変化，生活空間の気密化，食習慣の欧米化，人工的な化学物質の体内への取り込みなど，生活環境の変化が複合的に進み，人の免疫機制と特定の植物の花粉が結びついて増加してきたと考えられます。なお花粉症では，くしゃみ・鼻水・鼻づまりなどの鼻の症状と，目がかゆい・涙が止まらないなどの眼の症状を主症状とするために風邪とまちがえられたりしますが，熱は出ません。

（3） 食物アレルギー

欧米では，全人口の約2～4％が食物アレルギーであるといわれています。日本での食物アレルギー保有者は，「全国モニタリング調査」を参考にすると全人口の1～2％と推定され，増加傾向にあるとされています。2004年に，仙台市教育委員会が市内の全児童生徒を対象に行った調査では（図9-4），食物アレルギーの症状を有する児童・生徒の割合は2.2％と報告され，年次推移からは増加傾向がうかがえます。食物アレルギーの増加は，食生活の欧米化，すなわち，卵，牛乳，小麦やチーズ，ピーナッツ，油脂類などを豊富に使った食材が利用されていることが要因とされますが，他のアレルギー疾患との併発も見のがせません。

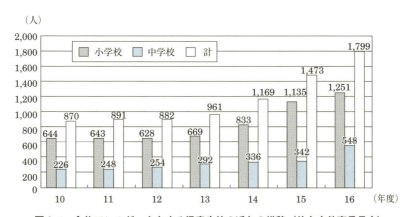

図9-4　食物アレルギーを有する児童生徒の近年の推移（仙台市教育委員会）

免疫のとらえ方からすると，食べ物は異物であり，自分以外の物質そのものとなります。食物は胃や腸といった器官で非自己と認識されることのない単糖やアミノ酸，脂肪酸などの単位分子に消化・分解されて，腸管の粘膜をへて体内に吸収されます。このときに食物のタンパク質がすべて消化されてアミノ酸に分解されるわけではありません。わずかに残った消化されずに吸収される未分解な栄養素や食物成分が食物アレルギーの原因物質となります。

腸管粘膜のマスト細胞が未消化の食物タンパク質と反応した場合，マスト細胞からはロイトコエリンなどの化学物質が放出され，その化学物質が腸管に作用した結果，食物アレルギーとして，下痢や嘔吐といった症状が現れます。また，腸管から体内に吸収された食物タンパク質が皮膚のマスト細胞と反応した場合には，マスト細胞から放出された炎症作用物質によって，湿疹やじん麻疹といった症状が現れ，長期化するとアトピー性皮膚炎とされます。

　食物アレルギーは，口腔から腸管周囲の組織に備わっている免疫システムが，食物成分のタンパク質分子でエピトープとされる部分を抗原として過剰に反応している現象とされます。この成分を持つ食物の数が増加しています。現在のところ対策としては，それを含む食品を食べないようにするという方法しかありません。

（4）化学物質過敏症

　新築やリフォームした住宅，ビルにおいて，居住者が，「喉が痛い」，「頭痛がする」，「めまいや吐き気がする」といった体調不良を訴えるケースが増えてきています。症状はさまざまですが，1970年代に欧米で近代的なオフィスビルに勤務する人達が集団で体調不良から頭痛，吐き気，のどの痛みなどに陥りました。原因を調べてみると「新建材を多用し，気密性を高めた近代ビルのオフィス環境そのものにあった」ということから病気（シック）のビル，シックビルから派生して「シックハウス症候群」という言葉が生まれました。特に，新築や改築の学校で生じた場合には，「シックスクール」と呼んでいます。

　なお，WHO（世界保健機構）では，「シックハウス症候群」を次のように定義し，これらの症状が単独，あるいは複合して起こることとしています。

① 唇などの粘膜が乾燥する。
② 目，特に眼球結膜，鼻粘膜，喉の粘膜への刺激。
③ 息が詰まる感じや気道がぜいぜい音を出す。
④ 頭痛，気道の病気に感染しやすい。
⑤ めまい，吐き気，嘔吐を繰り返す。
⑥ 皮膚の紅斑，じんま疹，湿疹がでる。
⑦ 疲労を感じやすい。
⑧ 非特異的な過敏症になる。

　その主な原因は建材や内装材に使用されているホルムアルデヒド，トルエン，キシレンなどの化学物質の放散による室内の空気汚染と考えられていますが，症状は，極めて微量な化学物質に対して過敏になってしまうということで，「化学物質過敏症」といえます。

　一般に，アレルギーを誘導するアレルゲン（抗原）は高分子のタンパク質，糖鎖，脂質複合体であり，低分子のホルムアルデヒド，トルエン，キシレンなどは，そのままでは抗原とはなりません。しかし，図9-5のように，ある低分子の薬剤や化学物質，化粧品成分は体内に侵入して組織のタンパク質と結合（修飾タンパク質）してアレルゲンと類似の作用を持つ場合があります。

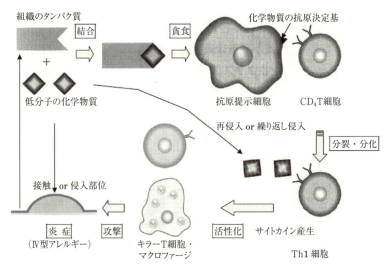

図 9-5　Ⅳ型アレルギーの発症メカニズム

　最初にある程度の量の化学物質にさらされるか，あるいは低濃度の化学物質に長期間反復してさらされて，いったん過敏状態になると，その後極めて微量の同系統の化学物質に対しても敏感に反応するようになるケースは，Ⅳ型アレルギー反応に類似しています。さまざまな化学物質との因果関係や発生機序については未解明な部分が多く，今後の研究の課題となりますが，問題となった物質は当面使用しないことが有効な対策となります。

参考図書・文献

1）村口　篤編著：免疫・アレルギーの本，日刊工業新聞社（2005）
2）藤田紘一郎：「きれい好き」が免疫力を落とす，講談社（2005）
3）岡村友之著：図解雑学アレルギー，ナツメ社（2001）
4）上田伸男編著：食物アレルギーがわかる本，日本評論社（1999）
5）西川伸一・本庶　佑編：免疫と血液の科学，現代医学の基礎8，岩波書店（1999）
6）垣内史堂：絵とき免疫学の知識，オーム社（1996）

10 からだのリズムと健康，生活習慣病

近年，若者に朝の体調を尋ねると多くは，「眠い」，「からだがだるい」，「ボーっとする」，「頭がスッキリしない」と答えます。逆に，「調子がいい」，「快調である」とする者は少数です。どちらが「正常か？」とすると，前者が多数を占める場合，統計学的には，前者が正常とされます。

真夜中でも行き交う車，まぶしいばかりのコンビニエンスストアー，あふれる夜のテレビ番組，24時間のネット接続など都市は眠ることを知らず，生活は夜型にシフトしています。しかし，学校の始業は数10年前とほとんど変わっていないので，「睡眠不足」，「朝食ヌキ」を招き，体調不良が常態になっています。体調不良はどこからやってくるのか。体調不良は，エネルギー代謝の乱れ，からだのリズムの乱れと密接に関連します。

10.1 からだのリズムと生体リズム

生命活動の中で時間経過と共に繰り返される現象を生体リズム（バイオリズム）と呼んでいます。特に，1日のリズムを概日リズムまたはサーカディアンリズムと呼んでいます。細胞内の生成物濃度の変化，心臓の拍動，呼吸，朝・昼・夕の食事，夜の睡眠と朝の目覚めに見られるように，私たちのからだは小さなリズム（振動体）から大きなリズムがつくられるという無数のリズムの集合体です。これらは固有の周期を持つと同時に，柔軟性を有し相互に連関し，1つの統合体になっています。体調の面では，睡眠のリズムが重要になり，詳細な研究がなされてきました。図10-1のように，睡眠のリズムは，就眠のリズムと覚醒のリズムが重なって1つのリズムのようにふるまい，さらに大きなリズム

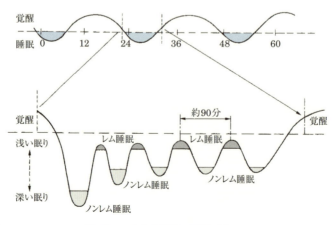

図10-1 大人の覚醒・睡眠パターン

の中で，レム睡眠とノンレム睡眠を約90分の周期で繰り返していることが知られています。また，すでに調節の項で取り上げた体温や血圧も1日の中で，日中の活動に合わせるように周期を持って変化し，これらは体内時計を用いて調整され，ほぼ正確に繰り返されています。

10.2　私たちは3つの時計で動いている

　自然界がもたらすいっさいの手掛かり，すなわち環境からの刺激を排除してしまうと体内時計は正確な24時間周期からずれていくことが知られています。生物の活動は特有の「自由継続」周期を示し，自然界の周期から徐々にずれていくのです。固有の周期と階層性を有する無数のリズムを統合・調整するには環境刺激と時計を必要としますが，人において時計は1つではなく，地球の自転と公転に基づく明暗による物理的時計，人間社会が決めた24時間という社会的時計，そしてからだの中に持っている生物・体内時計の3つの時計が作用しています。

　光刺激を基本とする物理的時計は，明暗の長さが1日，1年を周期として変化するのに対して，社会的時計は24時間に固定されています。脳の視床下部にある視交叉上核には，時を刻む細胞（体内時計）があって，朝の光刺激によってリセットを行いつつ，脳とからだ全体に信号を発しているとされています。

　生物が，昼夜の繰り返し，あるいは季節の巡りといった，自然のリズムと調和して生きて行くことができるのは，物理時計に体内時計を合わせているためです。こうした生物の同調性は，動植物界を通して，あらゆる種類の周期性に対して存在しています。同時に人は，社会活動を効率的に行うために，明暗とは関係なしに基準となる時刻を決め，時刻に合わせて行動し，社会生活を営んでいます。

　私たちは，社会的時計で行動しながらも，からだの中では，この3つの時計が協調して同じ時間を刻むように調整しながら，統合体を保っているといえます。統合体の乱れとして睡眠のリズムは，本来25時間とされますが，他のリズムと同調できなくなると，少しずつ覚醒の時刻が遅れる（睡眠相後退症候群）という状態が生じます。

10.3　食事に合わせてからだの代謝リズムは調整される

　食事のとり方と健康は密接にかかわっていることが多くの調査から明らかにされています。食事と体調にかかわる調査結果の中で，「朝食をとらないこと」と「体調の不良」は関連していることが，図10-2に示されるように，共通に指摘されています。学習の面でも朝食の摂取は，学習成績にも影響していると報告されています。食事に関しては，栄養素の過不足や量もさることながら，からだのリズムや行動に合わせた「とり方」も健康に深くかかわっていることが推測されます。

　からだのリズムを整える因子として，光による明暗刺激が重要と考えられがちですが，食事も重要なカギを握っています。確かに，物理時計の明暗周期に睡眠のリズムが同調し

生活環境の変化とからだの反応

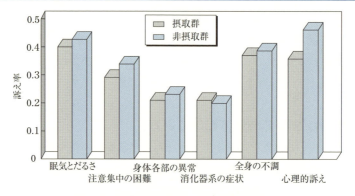

図10-2　朝食の摂取有無と不定愁訴の訴え率

ているように見えますが，夜行性の動物は夜に活動して昼間に眠るというように活動そのものとは無関係です。動物が活発に活動する主要な目的は，餌を求めて活動する行動と結びついています。ほ乳類は，安全な夜に餌を求めて行動していた歴史が長く，本来は夜行性とされています。またほ乳類は，生きていくために，餌を効率よく安全に獲得することが命題とされ，からだの代謝系もこれらに合わせるのが合理的です。図10-3は，全身の代謝を活発にするとされる副腎皮質ホルモンの血中濃度の変化を示していますが，活動時間帯に高く，睡眠時間帯に低くなっています。

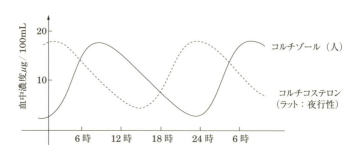

図10-3　副腎皮質ホルモンの日内リズム（血漿濃度 $13\pm5\ \mu g/mL$）

また，からだの代謝系を調節するホルモンの分泌を促す刺激ホルモンは，食事の少し前から分泌されることが知られています。さらに，獲得した熱量素（エネルギー）を効率よく取り込むために，中枢神経は食事の時刻を記憶し，消化器系は時刻に合わせて消化酵素を蓄え，食べ物を消化・吸収する準備をしています。

大学生を対象とした調査（図10-2）でも，朝食を食べていないグループの方が身体の不調を訴える率が高くなっています。したがって，からだが活発に行動するために必要な代謝系のリズムは食事の時刻に合わせて調整され，朝食がリズムの起点とされていることがうかがえます。

10.4　生体リズムの獲得・学習と生活習慣病

　食事によって血糖値が上がり，それに伴ってインスリンの分泌がうながされ，種々のホルモンが連動して変化することはグルコース−ホルモン効果（図 3-5）として知られています。グルコースを主としたエネルギー代謝に重要な役割をしているインスリンの分泌効果も，食事の時刻に依存していることがラットを用いた実験によって示されています。インスリンの分泌能およびその活性は，習慣的な食事の時刻に連動し，食事予定時刻では効率よく分泌され，食事予定外の時刻ではあまり分泌されないことが観察されています。効果的なインスリンの分泌は，食物摂取の結果として受動的に現れるのではなく，エネルギー効率を高めるために，体内時計で食事の時刻を記憶し，代謝全般が一連の流れに合うように調整し，あらかじめ準備されていると考えられます。

　リズムの学習機構と合目的性は，日常のルーチンワークに対して適切に対処することを可能とし，エネルギーのロスを減らすというすぐれた面がある一方，いったん形成されたリズムには惰性も認められ，消化酵素などは，食物が入ってこなくても，食事の時刻に活性が上がることが観察されています。リズムの獲得は，無駄なエネルギーを使わないという重要な要素となりますが，ライフサイクルの節目，長期的に変化する環境においては，新たなリズムの形成が必要になります。図 10-4 のように，人は時の経過とともに，乳児期，幼児期，学童期，青年期，壮年期，老年期というライフサイクルを持ち，それぞれ質的に異なった体内のリズムを形成します。

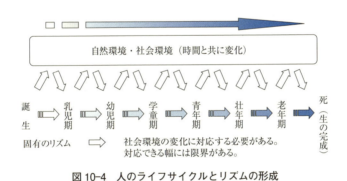

図 10-4　人のライフサイクルとリズムの形成

　長い歴史の中で，調節という形で環境に適応してきたリズムは一定の方向性を持つため，環境の激変には，負に作用する場合があることは第 3 章ですでに述べました。からだの代謝系は，食物が不足する飢餓状態に対処することができても，飽食には対応できません。消費されない栄養素は脂肪に変えてせっせと貯めこみ，肥満という状態を招き，代謝系全般の障害につながります。食事の時間が不規則だったり，予定外の時間に食事をしたりしたときも，準備がされていない分，効率よく利用されません。反面，これらは非常時に備えてストックされます。さらに，深夜の食事であれば，代謝のリズムとも歯車が噛み合わず，身体のリズム全体を乱してしまうことになります。

糖尿病や痛風，アテローム性動脈硬化など代謝の乱れに起因する生活習慣病が若い人にも増えています。厚生労働省の実態調査に基づく糖尿病有病者の推計を表10-1に示します。これらは栄養素の過剰摂取や不適切な摂取，運動不足や過大なストレスに体質が加わって生じる後天的な代謝障害です。偏食で同じものを食べ続けると，ビタミン，ミネラルなどの微量栄養素が不足しがちになりますが，生活習慣病は，食欲という本能に，食べたいものがいつでも手に入るという状況，身体的活動をあまり必要としない仕事環境や心理的ストレスの増大が結びついて生じる現代病ともいえます。

表10-1 糖尿病有病者の推計

	1997年	2002年	2012年
糖尿病が強く疑われる人（約）	690万人	740万人	950万人
糖尿病の可能性が否定できない人（約）	680万人	880万人	1,100万人
合計（約）	1,370万人	1,620万人	2,050万人

その年の推計人口を用いて算出　　　　　　　　　（国民健康・栄養調査，2013，厚生労働省）

食べ物の少なかった時代は，多種類のものを少量ずつ食べざるをえなかったため，自然に摂取栄養素のバランスが取れていたともいえます。いろいろなものを食べる習慣が学習を通じて養われた反面，食べてはいけないものを見分ける本能，特定の栄養素や微量栄養素の不足を自覚する本能は人間から失われたといわれています。運動不足を感じることがあっても，必ずしも体を動かす必要はありません。競争社会はストレス社会ともいわれています。これらに対しては，習慣的にいろいろなものを食べたり，意識的に運動したり，リラックスを心がけることが必要になります。

10.5　生活習慣と身体のリズムは相互に関連している

　朝，目を覚まして，朝・昼・夜と3度の食事をし，その間に仕事や勉強，スポーツや娯楽を楽しんで，夜，眠りにつくというのが一般的な生活です。季節の移り変わりとともに内容が少しずつ変化しますが，1日を単位として毎日同じようなことを繰り返しています。また，運動，喫煙，飲酒など，日常的に行っているものも生活習慣とされます。
　生活習慣と身体の内部のリズムは相互に影響を及ぼし，同調する方向に進みます。無理なく同調している場合に私たちは体調が良いと感じるはずです。図10-5に示すように，生活が規則的であるとする者は，不定愁訴の訴え率が低くなっています。
　良い体調を維持するためには，朝・昼・夜に摂取する食事の内容を，1日の活動リズムに合わせるのが合理的です。1日を通してバランスよく栄養素を摂る必要はありますが，昔から，朝は糖質のご飯を中心とし，昼は脂質の割合を高くし，夜は肉類からタンパク質を十分に取るのが望ましいとされてきました。ご飯は，エネルギー代謝の中心となるグルコースを適度な速さで供給し，脂質は日中に必要とするエネルギーの主要な供給源として，夜のタンパク質は分解されてアミノ酸となり，成長やからだの修復に必要な生合成タ

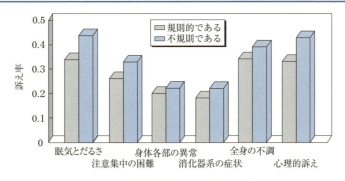

図10-5　生活の規則性と不定愁訴の訴え率

ンパク質の素材となるからです。禁物なのは，だらだらと間食を取ることです。

現代のビジネスマンは，ジェット機で世界中を飛び回っていますが，ジェット・ラグ（時差ぼけ）が常につきまとっています。ジェット・ラグ対策としては，現地の時間に合わせて，規則的に食事を取ることが有効とされています。ホルモン分泌を中心とした体内の代謝リズムを現地の生活リズムに早く合わせることを意味します。一般に，新たな状況に適したリズムができあがるには2週間前後必要とされています。

米国カリフォルニア州の住民7,000人を対象にしたさまざまな生活習慣と健康との関連を調査したブレスロウらは，①睡眠の過不足，②朝食の摂取，③間食の量，④体重過多，⑤からだを習慣的に動かすこと，⑥喫煙習慣，⑦飲酒週間の7つの習慣が身体的な健康と強く関係していることを見いだしました。これらにいくつか加えた身体的健康に好ましい10の習慣行動を表10-2に示します。

表10-2　身体的健康に好ましい習慣・行動

1）7〜8時間の睡眠をとる
2）毎日朝食をとる
3）バランスの取れた食事をする
4）間食は控えめとする
5）週に2, 3回軽い身体運動を行う
6）標準体重の10%以内に体重を整える
7）タバコは吸わない
8）毎日はお酒を飲まない
9）定期的な休暇をとる
10）定期的な健康チェックを行う

10.6　ストレス感：リズムの乱れを知らせる信号

私たちは，身のまわりのさまざまな出来事に対して上手にバランスをとってやりくりしながら，一定のリズムで生活しているといえます。生理的なリズムと生活リズムの調和が健康の基本となります。いろいろなものが一緒に動いているので，どこかに無理が生じてリズムが乱れることもあります。突発的な出来事で，生活のリズムを変えることを余儀な

くされる場合もあります。からだに不調が出てきたときは，生活のリズムが乱れていないかどうか振り返ってみる必要があります。私たちの身体には，強いところも弱いところもあるので，全体のバランスが崩れると，多くの場合，弱いところに歪みが出てきます。生じた歪みは，一種のストレス状態といえます。逆に，リズムが乱された場合は，ストレスとして感じられます。事故，災害，病気などは，将来的不安をかもし出す一方，リズミカルな日常生活がかく乱されるという面でも多大なストレスとなります。

　生活全体がうまく噛み合っていないと感じたら，思い切ってゆっくり休むのがベストとされます。時計をリセットして今までの（歪んできた）リズムを白紙に戻すことによって，新しくリズムをつくり直したような効果が得られます。

　私たちの身体は，環境に適応する高い調節能力を持っています。生まれた場所に関係なく，北極圏から赤道直下まで幅広い範囲で活動できます。しかし，周囲の環境が快適であれば，それに慣れるのも早く，楽な方へと流れていきます。食べ過ぎは抑え，運動不足を感じたら，意識的にからだを動かす必要があります。

　不況の中でも都市は眠ることを知らず，24時間活動を続けています。電気，ガス，水道，通信などのライフラインを止めることはできません。これらを支えるために交代で働く人々，いわゆるシフトワーカーが増加しています。医療機関の現場で働く人も交代制勤務を余儀なくされています。交代制勤務で働く人々にとって良好な状態で仕事を続けることは重要な課題です。光刺激を調整することで，体調を整えるという試みもなされ，一定の効果が認められています。シフトワークの中で健康を保つためには，食のあり方，生体リズム，光環境，生活習慣，加齢との関係を吟味していく必要があります。

　からだのしくみや生体リズム，生活習慣や環境とのかかわりを認識し，望ましい生活を模索・実行していくことで，心身の充実した状態を維持し，また高めていくことができます。一生つきあっていく自分のからだです。生活の基盤として主体的に自分の健康にかかわっていくことが求められます。

参考図書・文献

1) 田村康二：生体リズム健康法，文芸春秋（2002）
2) 川上　博編：生体リズムの動的モデルとその解析，コロナ社（2001）
3) 川崎晃一編：生体リズムと健康，学会センター関西（1999）
4) 佐々木胤則・仲井邦彦：からだの営みと健康，三共出版（1997）
5) 奥　恒行・藤田美明編：栄養学各論，朝倉書店（1995）
6) Luce G., 団まりな訳：生理時計，思索社（1991）
7) 渡辺紀元編：実験から見た化学理論，三共出版（1989）
8) 本間研一他：生体リズムの研究，北海道大学図書刊行会（1989）

社会環境の変化とメンタルヘルス

11 環境におけるポジティブファクターと癒し

　われわれを取り巻く環境には，化学物質を中心とする化学的環境，温熱などの物理的環境，組織などの社会的環境など多くの要素が存在します。それらはわれわれに何らかの影響を及ぼします。本書では有害環境要因による健康被害など，主にネガティブな環境影響について述べられています。しかし，生体に良い影響を与える環境要因があることも確かです。本章では，近年，関心が高まっている「癒し」や「快適」をキーワードとして，このような環境（主として植物）のポジティブな影響について紹介します。

11.1　快適の考え方

　快適の概念にはcomfortとpleasureの2つがあり，前者は消極的快や非活動的快と表現され，後者は積極的快や活動的快と表現されています[1,2]。一般的には快適といえば後者の意味で用いられることが多く[2]，不快でない状態を快適と考えるのがcomfortの基本のようです。温熱環境でいえば，深部体温が高いときの冷たい刺激，あるいは深部体温が低いときの暖かい刺激はpleasantな感覚をもたらすというように，pleasureを生じるには「状況に応じた」刺激が必要です[3]。「状況に応じた」というのは，同じ冷たい刺激でも，深部体温が低いときには不快感を生じるということであり，pleasantと不快は表裏一体のものといっても過言ではありません。いずれにしてもpleasantを生じる刺激は，ある意味でからだに適したものではないかもしれません。その意味で，pleasantは快適の「適」の字を取って，「快感」と呼ぶべきものと思えます。

　一方，温熱環境におけるcomfortは熱くも寒くもなく，湿度も高すぎず，乾燥しすぎでもない無感覚（ニュートラル）状態です。しかし，小鳥のさえずりや小川のせせらぎが聞こえるような，静かな音刺激がある場合や，ほのかな香りがある場合は，温熱的には無感覚であっても，その他の感覚刺激が存在する，無感覚状態ではないcomfortな状態と考え

られます。この状態は pleasure に該当する積極的な快適でもありません。もちろん，このような快適状態を comfort に含めてもよいのですが，comfort を無感覚と定義すれば，ここで述べた快適状態は，comfort とは少し違った状態と考えられ，これを快適$^+$（プラス）と名付け，comfort とも pleasure とも異なる状態と考えることができます（図11-1）[4]。さて，このプラス要因としてどのようなものがあり，それらがなぜ癒しや快適をもたらすのかが本章の主題です。

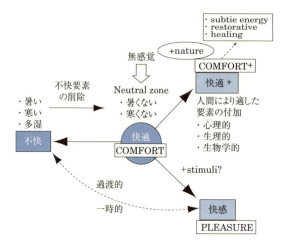

図 11-1　快適 comfort，快感 pleasure，快適$^+$（プラス）の概念

11.2　植物と癒しの関係

近年，森林浴への関心が高まっており，緑に囲まれるとやすらぎ感を感じる人は少なくないでしょう。森林浴では，植物の発生する化学物質（フィトンチッド）を吸引したり，小鳥のさえずりや小川のせせらぎを聞いたりすることが快適感を高める要因ですが，森や林，あるいは草原などを見るという視覚的要素も大きな要因です。樹木が見えていることの効果については Ulrich[5] が興味深い調査結果を報告しています。彼はアメリカペンシルバニア郊外の病院で，胆嚢摘出手術後の入院患者に関する1972から1981年の記録を調べました。その結果，自然景観（雑木林）を見渡すことができる病室（図11-2）に入院した患者の退院までの日数は平均7.96日で，れんがの壁しか見えない病室の患者の入院日数8.70日に比べて入院期間が短いことがわかりました。また，木が見える病室の患者では，看護師の否定的評価コメント（例：気が動転して泣き出す，もっと元気づけが必要など）も少なく，鎮痛剤もより弱いものが使われていました。彼は，ほとんどの自然の景観は明らかに正の感情を誘起し，ストレスを受けている者の恐怖やストレスからの回復を促進するであろうと述べています。ただしこの結果は，自然の景観が治癒を早めた（癒し効果）という解釈と，れんがの壁しか見えないという抑鬱的環境がストレスとなり，治癒を遅らせたという解釈（あるいはその両方）もできます。すなわち，われわれが本来持っている治癒力は，自然に囲まれた環境では，その効果が最大限に発揮されますが，ス

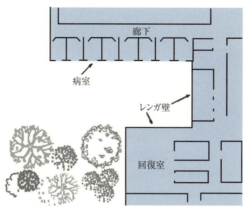

図 11-2　Ulrich が調査を行った病院の見取り図
（文献 5) を元に著者作成）

トレスフルな人工的環境では治癒力が衰えると考えることもできます。一方，Ulrich はこの論文の最後に，この結果はすべての人工的な景観へ拡張することはできないと述べています。すなわち，不安などの問題よりも，単調感にさいなまれている長期入院の患者にとっては，活気のある街頭の景観は刺激的であり，自然景観よりは治癒効果が高いだろうと考察しています。

さて，緑（樹木）といってもさまざまなものがあり，その形態や葉の状態は異なっています。樹木を含む景色を比較した興味深い報告があります。Balling ら[6]は，3 年生（8 歳），6 年生（11 歳），大学生，成人，高齢者，森林関係職員の 6 群（落葉樹林帯であるアメリカ東海岸在住）に，① 熱帯雨林，② 落葉樹林，③ 針葉樹林，④ サバンナ，⑤ 砂漠の典型的な写真を提示し，どの程度これらの土地を訪れたり，住んでみたいか尋ねました。その結果，3 年生と 6 年生（8 歳と 11 歳）は他の土地に比べてサバンナを有意に好み，年齢の高い群では身近な自然環境がサバンナと同程度に好まれました。著者らは，『子供たちは実際にサバンナを見たことがないので，彼らの好みは，東アフリカのサバンナにおける人の長い進化の歴史の結果として，人はサバンナ様の環境に対して生来備わった好みを持っていることを示している。言い換えれば，子供たちはサバンナを好むものとして生まれ，それは彼らの遺伝子に組み込まれている』と記述しています。

東アフリカのサバンナ地帯（写真 1）は，われわれ人類（ホモサピエンス）誕生の地とされています。サバンナは広く開けた草原に樹木が散在する地形で，遠くが見通せることから，外敵の接近を早く知ることができるという安全上のメリットがあります。また，サバンナ地帯に生育するアカシア（*Acacia Toltilis*）の木の樹形は土地の水分量に応じて変化し，地面に届くほど低い枝を持つ樹冠が傘のように広がったアカシアの木があるサバンナは，生命を維持するのに十分な水分がある生息環境を示しています[7]。これらの要因が，われわれがサバンナやアカシアの樹形に親しみ感を持ったり，それらを魅力的に感じる理由と考えられています（サバンナ仮説）。

写真1　サバンナの風景（タンザニア）と特徴的な枝を持つ*Acacia Tortilis*.（Charles J Sharp：Acacia Tree in the Serengeti,Tanzania.Wikipedia Commons掲載の著作権フリーのものをトリミングして掲載）

アカシアの樹形の魅力度に関して，HeerwagenとOrians[8]は興味深い実験を行っています。彼らはより魅力的な特徴として，① 低い幹，② 中程度の密度の樹冠，③ 樹冠の層が多く重なっている，④ 樹高に比べて樹冠の幅が広い，の4つをあげ，これらの特徴量が異なる多くのアカシアの写真の魅力度を1〜6の数値で評価させました（年齢18〜60歳，102名）。その結果，先にあげた4つの特徴を持つ樹木は，それらの特徴を持たない樹木よりも魅力度スコアが有意に高いことが示されました。

またWiseとRosenberg[9,10]は密室で窓のない空間での自然景観の効果を検討しています。彼らはNASAの訓練用宇宙基地の操縦室内で，アカシアの木のあるサバンナの風景，山中の滝，抽象画の3種類の条件下で暗算を行わせ，皮膚電導水準（精神性手掌発汗の指標で，ストレスによる発汗現象を皮膚抵抗の逆数で測定するもの）を測定しました。その結果，山中の滝の風景は最も美しいものとして好まれましたが，サバンナの風景が見えている条件で皮膚電導水準の反応は最も少ないことが示されました。興味深いことは，サバンナの絵があるというだけで，直接見なくても，おそらく意識して見ないようにしてもストレスが軽減されるということでした。

11.3　職場の観葉植物

アカシアの木を屋内に配置することは無理ですが，多くの観葉植物が屋内に配置されています。これらはどのような効果をもたらしているのでしょうか。Randallら[11]はオフィスに配置された観葉植物に対する従業員の意識調査を報告しています。まず，オフィスからすべての植物を撤去し，従業員に植物の持ち込みを禁止しました。その3ヵ月後に最初の調査が実施され，植物が配置された6ヵ月後に2回目の調査が実施されました。質問には，1＝全く良くない，2＝良くない，3＝どちらでもない，4＝良い，5＝非常に良いの5段階評定尺度で回答させた結果，2回目の調査で，その平均値は，「植物が近くにあると落ち着き，よりくつろげる」＝3.90，「オフィスに植物があると働きやすい」＝4.36，「植物で職場の雰囲気が良くなる」＝4.12となり，観葉植物に対する肯定的評価が得られていました。

このように，職場に観葉植物を配置することに対して肯定的な意見が多いのですが，いくつかの弊害も生じます。観葉植物を配置しているある企業の工場およびオフィスの作業者約100人を対象としたアンケート調査では，観葉植物があることにより，「潤いがある」や「気分がやわらぐ」といった肯定的印象を持つ者が60%近くおり，また，約20%の者は「作業能率が上がる」，「作業意欲が向上する」といった作業能率への効果があることも感じていました（図11-3）。一方，「作業や歩行のじゃまになる」という否定的訴えをする作業者も20%程度いました[12,13]。このように，観葉植物の配置は，一定のスペースを占めるだけではなく，手入れや落葉のわずらわしさもあります。その対策として考えられるのが人工観葉植物の利用です。

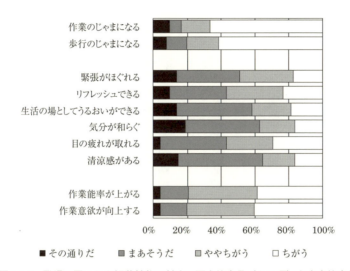

図11-3　職場に置かれた観葉植物に対する否定的意見（上2項）と肯定的意見

写真2は，あるソフトウェア関連会社のオフィスに人工の観葉植物を配置したものです。この会社では小さい植物は配置してありましたが，大鉢のものは配置されていませんでした。そこで，いくつかの観葉植物を職場に置いてもらい，その効果を検討しました。

写真2　職場に配置された人工観葉植物

その際，上述の水やりなどの手間を掛けないために，人工の観葉植物を用いました。植物を配置する前の始業前と夕方の終業後に疲労感に関するアンケート（自覚症しらべ）に回答してもらい，植物配置後の1週間後に同様の調査を行いました。その結果，植物がない状態では，「だるさ感」と目の疲労感に関する「ぼやけ感」が作業後に有意に上昇していたのに対し，植物のある環境下では，作業前後にこの訴えの差は認められませんでした[13,14]（図11-4）。この結果は植物の有無以外の要因によることも考えられますが，両調査日の業務内容に大きな差はないことから，人工のものであっても，植物の効果があったことが推察されます。

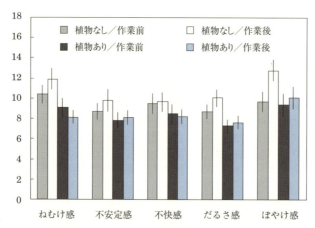

図11-4 観葉植物（人工のもの）配置前後における疲労感の訴え

11.4 植物や風景写真の効果

前節で示した人口観葉植物は，栽培の手間はかからないかもしれませんが，場所をとることから，作業や歩行のじゃまになることは自然のものと変わりありません。そこで「じゃまにならない」対策としては，例えば観葉植物の実物大の写真を掲示する方法が考えられます（実物大である必要はないかもしれませんが）。あるいは，鉢植えの観葉植物の写真ではなく，森林などの自然風景の写真でもよいかもしれません。写真3は私の部屋のドアに貼った観葉植物の写真です。実物大ではありませんが，そこに植木があるような雰囲気を醸し出してくれています。またスペースがあれば壁面いっぱいに森の写真を貼ることによって，森林浴気分が味わえるかもしれません。写真4は某クリニックの待合室に大判（横約3.6m×縦約1.8m）の森の写真を掲示したもので，患者さんに大変好評です。このような写真貼付では，次節で述べる空気浄化作用はなく，視覚的な効果のみとなりますが，生の植物を置けない病院の診察室や検査室では有効な癒し効果があることが推察され，特に窓のない検査室など（地下では光量がゆらぐバックライトにするとさらに効果的と思われます）では擬似窓の効果もあり，そこに来る患者さんのみならず，そこで働く医療スタッフのストレス低減にも貢献することでしょう。

写真3　オフィスのドアに貼った大判の観葉植物写真

写真4　クリニック待合室壁面の森林の写真

11.5　植物の空気浄化作用

　近年，シックハウス症候群やシックビル症候群（Sick Building Syndrome：SBS）という言葉を聞くことがあります。9章でもふれたがシックハウス症候群は，シックビル症候群から派生した用語といわれており，建材や家具などから発生する化学物質に対して過敏に反応するようになったものです。このような症状を化学物質過敏症と呼んでいます。

　アメリカ航空宇宙局 NASA とアメリカ園芸家協会（ALCA：Associated Landscape Contractors of America）の支援により実施された研究により，植物がこのような問題に対して効果があることが報告されました。Wolverton ら[15]のこの報告書には，その経緯が次のように記載されています：『1970年代後半のオイルショック時に，エネルギーコス

トを抑えるため，最高効率の省エネビルが設計されるようになった。エネルギー効率を改善する2つの方法は超高気密性と換気を減少させることであった。しかし，これらのビルで働く人々から目のかゆみ，皮膚の発疹，ねむけ，鬱血・充血，頭痛，その他のアレルギー関連症状などのさまざまな訴えが急増し，建物の高気密性が作業者の健康問題に大きく関与していることがわかった。また，さまざまな有機化合物を放出する合成建材や，さらに，これらのビルに備えられているオフィス機器や家具に使われている物からの放出もこれらの健康問題に関連していることがわかった。換気の悪い閉鎖空間に生活する場合は，人そのものも室内空気汚染の別の源（呼気や排泄物など：著者註）であると考えるべきである。』

　また，彼の著書[16)]には次のように記されています：『有人月面基地の計画が出たとき，NASAの科学者達は，閉鎖空間における生態学的生命維持システムの実現可能性の研究を始めた。スカイラブ計画において，密閉空間の居住者が直面する新たな問題が明らかとなった。宇宙船内の空気の分析により，空気質が主要な問題であり，300種類以上の揮発性有機化学物質（VOCs：Volatile Organic Chemicals）が宇宙船内から検出された。1980年に，密閉された実験容器内のVOCsを植物が除去することをNASAのジョン・C・ステニス・スペース・センターがはじめて発見した。1984年に発行されたNASAの報告書には実験容器からホルムアルデヒドを除去する植物の機能が示されていた。』

　その後，植物の空気浄化作用に関するさまざまな実験が行われていますが，ここではその最初のステップであったWolvertonら[17)]の結果を紹介します。彼らはまず，比較的高濃度のホルムアルデヒド（現在，シックハウス症候群の主要な原因物質とされています），ベンゼン（溶剤として広く用いられており，ガソリン，インク，塗料などに含まれています。染色体異常や白血病にかかわります）およびトリクロロエチレン（金属洗浄やドライクリーニングに用いられており，肝臓がんの発がん性物質とされています）を，植物を配置した密閉容器（27Lおよび54L）に注入し，24時間後の濃度を測定しました。その結果，ある種の植物には，これらの化学物質に対して高い除去効果があることが示されました（図11-5）。彼らは次にベンゼンとトリクロロエチレンについて，1ppm以下の低濃度で同様の実験を行いました。トリクロロエチレンの除去率はそれほど高くないものの，ベンゼンでは70％以上の除去を示す植物が多く見られました。なお，Wolvertonの先に紹介した書物[16)]には，一般の園芸店で入手できる50種類の植物について，その化学物質の除去能力の評価がまとめられています。

　また，彼は，室内から有害な化学物質を除去するのに必要な植物の鉢数を試算しています。床面積9.3m^{2}で天井高2.4mのオフィスの平均的ホルムアルデヒド濃度を0.173μg/L（0.14ppm）とすると，この室内空間には約22,000Lの空気中に約3800μgのホルムアルデヒドが存在します。例えば，ホルムアルデヒドに対して高い除去能力を持つボストンタマシダ（Boston Fern）のホルムアルデヒド除去速度は1863μg/h（密閉容器での実験）ですので，このオフィスでは3鉢あれば1時間でホルムアルデヒドを除去できる

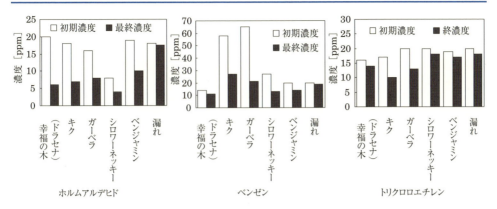

図11-5 密閉された容器に入れた化学物質に対する植物の24時間後の除去効果
（文献[15]のTable4を元に著者作図）

ことになります（建材などからの新たなホルムアルデヒドの発生と壁への吸着および換気はないと仮定）。ただし、植物の除去能力は植物や鉢の大きさによるので、その倍の数の鉢が必要であるかもしれません[17]。このような植物による化学物質の浄化作用は、植物が葉から化学物質を吸収し、それを根圏まで運び、土壌中の微生物によって分解されるもので、さらに植物自身の生態反応による分解も含まれるとされています[18]。

植物には上で述べたような空気浄化作用以外にも、葉からの水分の蒸散による保湿作用[19]（蒸散に伴って、マイナスイオンも発生しているともいわれています[17]）があることを考えると、植物は、その視覚的・心理的効果なども含め、複合的に屋内の生活環境を快適にすることができるものと考えられます。

11.6 バイオフィリアと自然心理生理学

これまで植物について、そのさまざまな効果を紹介しました。職場や屋内空間を快適にするポジティブファクターとは、植物を主とする自然の要素にほかなりません。それでは、なぜ自然があると快適に感じるのでしょうか。11-2節でサバンナ仮説を紹介しましたが、それは人類の進化と関連したものでした。すなわち、われわれは自然に対して本能的な親しみを持っているものとされており、この仮説をバイオフィリア（biophilia）と呼んでいます。

バイオフィリアは1964年にErich Fromm[20]が最初に用いた語で、その後、Edward O.Wilson[21]は1984年の著書で『生命と生命に似た作用に注意を向ける生来備わった傾向』と定義しました。ここで「生来備わった」とは、遺伝的であることを意味し、したがって、究極的な人間の天性の一部であることを意味しています。人工物より自然を好む、緑の植物に囲まれたり、それらが見えていると心が和む—といった事象がその例としてあげられるでしょう。これはわれわれが進化の過程で森や樹上で生活していたことが関連しています。すなわち、樹上で緑に囲まれているということは、外敵におそわれる危険性が少ない、雨風がしのげる、強い日差しがさえぎられる、木の実が食料となり、それが

すぐに手の届くところにある―というように,生存にとって有利な点が多く存在し,樹上にいることは安全で,「安心」をもたらすものです。これらのことが,現在でもわれわれが緑に囲まれていると,心がやすらぐ理由の1つでしょう。森林浴はその最もよい例かもしれません[22]。

自然の要素としては,視覚的には自然の景観(森,林,草原,樹木,草花,川,湖,海,大地,動物,鳥,昆虫,太陽,空,雨,雪,雲,星,夕日,朝焼けなど),聴覚的には上記のものが発する音(せせらぎ,鳥,虫の鳴き声,風の音,木々のざわめき,滝の音,雷,波音など)がそれに相当します。嗅覚的要素もやはり前述のものに対応して,草花の香り,樹木の香り,土の香り,水のにおい,磯辺の香りなどが考えられます[23]。近年,注目を集めたマイナスイオンも自然界に存在するもので,これも自然要素の1つです。さらに,そよ風や小鳥のさえずりが1/fゆらぎであるといわれていることから,1/fゆらぎも自然の要素としてとらえることができ(実際,1/fゆらぎは自然界に普遍的 ubiquitous に存在します),1/fゆらぎに基づくエアコンの気流ゆらぎ[24]や温度ゆらぎ[25]も自然を取り入れた例といえるでしょう。

これらの自然要素の影響については,主観的(気分的)な評価では良好な結果が得られても,人間の体の反応として良好な効果が現れているのかを検討することは困難です。このような取り組みとして,筆者は「自然心理生理学 Nature Psychophysiology」を提唱しており,また,その結果の実用化を「やすらぎの人間工学 Tranquility Ergonomics」と呼んでいます[26,27]。これらの研究の結果が職場や日常生活の場に活かされることを願っています。

参考図書・文献

1) 宮崎良文:快適性の概念,経営システム,6(3),214-218(1996)
2) 寺崎正治,岸本陽一,古賀愛人:多面的感情状態尺度の作成,心理学研究,62,350-356,1992
3) Cabanac, M.: Pleasure and joy, and their role in human life. In: Derek Clements-Croome (ed.): Creating the productive workplace, 2nd Edition, pp.3-13, Taylor & Francis, London and New York (2006)
4) 三宅晋司:癒しと快適 第2回 快適の定義〜快適+(プラス)とは?〜,臨牀看護,33(2),265-266(2007)
5) Ulrich, R.S.: View thorough a window may influence recovery from surgery, Science, 224, 420-421 (1984)
6) Balling, J.D. and Falk, J.H.: Development for visual preferences and natural environment, Environment and Behavior, 14, 5-28 (1982)
7) Heerwagen, J.H. and Orians, G.H.: Humans, Habitats, and Aesthetics. In Stephen R. Kellert and Edward O.Wilson (eds.): The Biophilia Hypothesis, pp.138-172, Island Press, Washington DC (1993)
8) Lewis, C.A.: Green Nature/Human Nature, pp.19-22, University of Illinois Press, Urbana and Chicago (1996)
9) Wise, J.A. and E.Rosenberg. The effects of interior treatments on performance stress in three types of mental tasks. Technical Report, Space Human Factors Office, NASA-ARC, Sunnyvale, CA. (1986)

10) R.S. アルリッチ,R. パーソンズ:しあわせと健康のための植物体験,ダイアン・レルフ編,佐藤由巳子訳:しあわせをよぶ園芸社会学,pp.116-135,マルモ出版(1998)
11) K. ランドール,C.A. シューメイカー,D. レルフ,E.S. ゲラー:従業員に満足感を与えるオフィスの植物,ダイアン・レルフ編,佐藤由巳子訳:しあわせをよぶ園芸社会学,pp.136-140,マルモ出版(1998)
12) 三宅晋司:職場の観葉植物—そのイメージと効用—,人間工学,37(特別号),570-571,2001
13) Miyake, S.:Foliage plants at the workplace-Its images and effects, Proceedings of the Human Factors and Ergonomics Society 45th Annual Meeting, pp.813-817(2001)
14) 青木隆昌,三宅晋司:職場の観葉植物—その効果の検証—,日本人間工学会九州支部第23回大会,北九州(2002)
15) Wolverton, B.C., Johnson, A. and Bounds, K.:Interior Landscape Plants for Indoor Air Pollution Abatement. NASA/ALCA Final Report. September 15(1989)
16) Wolvertron, B.C.:How to Grow Fresh Air. 50 Houseplants that Purify Your Home or Office, Penguin Books, New York(1997)関連翻訳書 B.C. ウォルバートン:エコ・プラント,室内の空気をきれいにする植物,主婦の友社(1998)
17) http://www.wolvertonenvironmental.com/airFAQ.htm
18) 文献[16] p.18
19) V.I. ロー:オフィスの湿気に対するインテリアとしての植物の役割,ダイアン・レルフ編,佐藤由巳子訳:しあわせをよぶ園芸社会学,pp.146-149,マルモ出版(1998)
20) Fromm, E.:The Heart of Man. Harper & Row, New York(1964)
21) Wilson, E.O.:Biophilia. The human bond with other species. Harvard University Press. Cambridge(1984)
22) 秋山智英:森林の特性と健康,森本兼曩,宮崎良文,平野秀樹編:森林医学,pp.342-360,朝倉書店(2006)
23) 浅野房代,三宅祥介:やすらぎと緑の公園づくりヒーリング・ランドスケープとホスピタリティ,鹿島出版会,pp.87-89(1999)
24) Miyake, S., Kamada, T. & Kumashiro, M.:Comfortableness of Fluctuating Air Flow-Subjective assessmentof the air flow of an air-conditioner with 1/f fluctuating fan speed. Journal of UOEH, 12(3):323-333(1990)
25) 三宅晋司,佐藤望,赤津順一,神代雅晴,松本一弥:温度ゆらぎの終夜睡眠に及ぼす影響,人間工学,32(5):239-249(1996)
26) 三宅晋司:自然心理生理学—快適と Biophilia—,生理心理学と精神生理学,24(1),37-47(2006)
27) Miyake, S.:Nature Psychophysiology-Its Concept and Future Prospects, Proceedings of the XVth Triennial Congress of the International Ergonomics Association and the 7th Joint Conference of Ergonomics Society of Korea/Japan Ergonomics Society, Vol.4, pp.137-144(2003)

社会環境の変化とメンタルヘルス

12 情報化社会におけるコンピュータの利活用と健康

　エレクトロニクス技術の著しい発展によりコンピュータの性能向上と低廉価が進み，コンピュータの利活用は生活・産業の隅々で行われ，現代社会において不可避となっています（図12-1）。しかし，コンピュータとコンピュータをベースとしたインターネット，携帯・スマホなどの情報ツールの利活用にあたっては大きく分けて3つの健康上の問題が指摘されていますので十分配慮される必要があります。

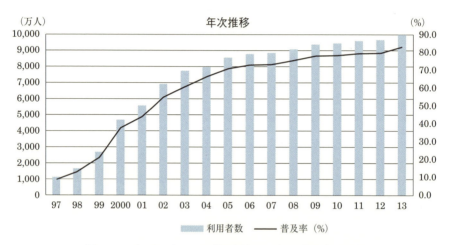

図12-1　インターネットの利用者数および人口普及率の推移
（総務省，「平成25年通信利用動向調査」）

　健康上の第一の問題は，画面に向き合って端末を操作する作業（VDTワーク）そのものにかかわって生じる視機能の異常，筋骨格系の疲労，皮膚障害などの身体影響です。第二は，コンピュータ利用に深くかかわり思考形態がコンピュータ化したり，過剰に依存したりすることによって，正常な人間関係が保てなくなったりするメンタルヘルスの問題です。また，使いこなせないために生じるあせり，落込み，あからさまな忌避などに起因する問題もあります。第三は，コンピュータは変貌する社会の速度をいっそう早め，世代間のかい離を大きくして個人が確固としたライフスタイルの基盤を持ち得なくしてしまうという，いわゆるテクノ疎外の主役となっています。

　この項では，第一の身体影響に関しては，調査された成果に基づいて提言されている対策についてまとめ，第二のメンタルヘルスの問題では，コンピュータ技術者，利用者が受けるストレスの構造を明らかにし，利用にあたって個人が心がけておくべきことを紹介します。第三のテクノ疎外については，テクノ疎外を認識し，ハイテクとテクノストレスを

受け入れていく方法を紹介，提案します。

12.1 VDTワークにおける身体影響とその対策
12.1.1 視機能への影響とその対策

VDTワークにおける身体的異常として多く訴えられるのは「眼が疲れる」，「眼が痛い」，「眼がかすむ」，「物がみえにくい」，「まぶたがピクピクする」など視機能に関するもので，ほとんどが眼精疲労とされる症状です。眼精疲労とは，眼を持続的に使ったとき，健康な人なら疲れない程度の眼の使用で上記の異常が認められ，時には吐き気などをきたす状態をさします。

VDTワークにおける眼精疲労の要因としては，まず，ディスプレイ画面の特性に関連する輝度，チラツキ，一文字のドット数，走査線数，文字の大きさ，画面の反射など視認の負担に起因する疲労があげられます。近年のコンピュータ用ディスプレイの改良はめざましく，液晶ディスプレイが主流となり，眼の負担は軽減されつつありますが，紫外線カットを含め，使用環境の中で常に工夫が必要となります。

ディスプレイ画面は改良されつつあるといっても紙に書かれた文字よりはるかに視認しにくいのは事実です。さらに文書と画面とに視距離や明るさの違いがあった場合，眼は無意識のうちに焦点を合わせる調節運動や縮瞳・散瞳運動を盛んに繰り返します。当然，くび，眼球の運動も多くなり，これらによる無自覚的な消耗も多くなります。したがって，一連続作業は数10分が限度とされています。

また，周辺の光が画面に当たって反射したり，背景の輝度比が過大または過小であったりしてもいけません。眼の疲れはこのような負荷によって起こりますが，負荷因子と眼の生理機能との関連に基づいて好適視認環境をつくっていく必要があります。一般に，目が痛い，赤くなる，目ヤニが出るなどの炎症様症状は，静電気環境による異物の角膜・結膜への付着や，眼を手でこするなどの影響と考えられています。

図12-2　望ましいパソコンの使用姿勢

12.1.2 筋骨格系の疲労とその対策

視機能に関する異常で次に多いのが,「肩がこる」,「くびから肩腕への痛みが生じる」,「くびがこる」,「疲れがとれない」などの筋骨格系の疲労に関連する訴えです。VDTワークでは,正確で迅速なキーボード操作がしばしば要求され,それに対応して姿勢保持筋や腕の筋の静的労作,くびの不自然な運動が多くなります。それに作業時間が長い,作業量が多いなどの条件が加わった場合,容易に筋疲労が起こり,短時間では回復が得られません。またスマホの長時間使用によるストレートネック状態も疲労を増大させます。

筋骨格系の疲労には,作業時間の長さ・密度と密接な関係がありますが,机,イス,キーボード,画面の位置,付属機器の配置など,特に人間工学的配慮の有無も大きく影響します。もちろん,人間工学は安全を基礎として,人間の生理的負担をできる限り少なくして,高い作業効率をあげることを目的とするもので,疲労を除去してくれるものではないことを念頭に入れておく必要があります。

12.1.3 皮膚,その他の障害とその対策

VDTワーク者の顔面やくびの前面の皮膚がかゆくなったり,赤くなったり,あるいは発疹がでたりすることなどから皮膚障害としてしばしば問題にされることがあります。皮膚症状は,一般に軽く治癒しやすいとされますが,発症のメカニズムは明らかにされていません。発症に関連する要因として,ディスプレイの高電位や各種機器から生じる静電気が重要な因子になっていると考えられています。さらに画面と顔との距離,室内空気の湿度,着衣の材質,室内粉塵の物理化学的性質,使用者の皮膚水分量・皮脂量,化粧品の成分などが関連因子とされます。したがって,静電気対策,室内空気の浄化,モイスチャークリームの塗布などの対策が有効となります。

その他,「いらいらする」,「あくびがでる」,「眠気がする」,「頭が重い」など注意集中の困難を示す精神的疲労を訴える場合が比較的多くなります。このような症状はVDTワークに限らず単純作業を繰り返す職種に多く見られます。この場合自発的に休憩を取れる体制が必要であり,休憩室は作業フロアと離れたところに設置するのがよいとされます。

表12-1 休養の分類と内容

分類	単位	養う内容	関連用語
休息	秒	一連続作業と一連続作業との間に発生する自発休息の形をとること多し。作業負担回復に最も重要な意義をもつ。	息抜き(テクノストレス)
休憩	分	所定労働時間内に生理的作業曲線低下を回復させる。	一服,リラクセーション,オフィスアメニティー
私的時間	時間	拘束時間外で翌日の労働力生産性に使われる。この時間に栄養・運動も行われるが文化的な時間にも使われる。	レクリエーション,レジャー,睡眠,リラクセーション
週休	日	週間中の疲労負債の回復,対人関係修復,人生設計に必要な素養の備蓄	カルチャー,レジャー
休暇	週・月	将来の人生設計の準備・素養の備蓄,心身調整,家族機能調整,パーソナリティー発展の促進,自己実現,自己発見	保養,リゾート

(休養のあり方に関する研究班報告書「真の休養をめざして」より)

また，観葉植物を置くなどのオフィス環境の整備も有効とされます。なお，休息，休憩，休養などの用語と時間との関係は，表 12-1 のように区分されています。

12.2 コンピュータとメンタルヘルス
12.2.1 テクノ過剰適応（依存症）の構造とその対策

テクノ依存症はコンピュータ関係者の中のプログラマー，システムエンジニア，パソコンマニアなどに多く見られます。コンピュータに深くかかわりすぎた結果，初期の兆候としては，通常の時間感覚を喪失し，他者に対する思いやりや対話の欠如が生じ，まわりの人たちとの協調的な生活を営むことに対してわずらわしさを感じるようになるとされています。これらの兆候はコンピュータの持つ特性と作業の進め方に深くかかわっています。

コンピュータには，正確性，速度，能率，より使いやすい操作性が求められています。コンピュータを用いたシステムの開発，設計には論理的な思考様式が，プログラムや企画の作成においては完全性が要求されます。システムは，利用者のニーズを基本として，起こり得るあらゆる状況を想定して設計され，それに対応して作成されるプログラムや企画には無数の組み合わせがあります。この作成過程で誤りが許されないとすると設計，設計後の見直し，プログラムやシステムの不良箇所の発見と修正には想像以上の注意力と集中力，根気，体力を必要とします。システムやプログラムが完成し，予想通り企画が運んだ場合にはその達成感もより充実したものになりますが，限られた時間内での，スケジュールに追われた作業では心身の消耗も多大となります。また，システム構成とその周辺技術の革新のテンポは極めて早く，常に新しい情報と技術を習得して行かなければ，時代に乗り遅れるという面もあり，精神的な落ち着きを得にくくしています。

このような中で，生活の大部分をコンピュータとのかかわりで過ごした場合，コンピュータ的な思考で物事を処理しようとしてしまいます。すなわち，他者に対してコンピュータで慣れている受動性，完全性，論理性，スピードなどを知らず知らずに要求するようになります。このような傾向は一般の人たちには理解しがたく，いっそう正常な人間関係を保てなくなってしまうというのが，テクノ依存症とその亜型の特徴です。これらの対策として精神科医の墨岡は自分自身で心がけておくこととして次の事をあげています。

① 作業の合間に必ず小休止を取ること，そしてその間，自分のことを考えたり，仲間と話したりする。
② 退勤する 20 分前には作業をやめ，家族の顔を思い浮かべる。
③ 未解決なものは，要点を紙に書き出し，日記につけること。頭の中にいつまでも持ち込んではいけない。
④ 仕事以外に，運動を行ったり，絵をかいたり，趣味を持つなど，別のもので自分を表すように努力する。

12.2.2 テクノ不適応（不安症）とその対策

テクノ不安症は暗にコンピュータぐらい使いこなせなくてはいけないと自分自身で感じている人々に多く見られます。具体的には大きな期待をもってシステムやマルチメディア機器を導入しながら当初の目的を果たすことのできなかった企画担当，学校の教員，職場の中高年者層，中間管理職などに多いとされます。使いこなせない焦り，時代に乗り遅れてしまうという不安，現在の仕事，立場を奪われてしまうのではないかという恐れなどが主な誘因となります（図12-3）。初期の症状は焦り，不安，苦悶であり，頭痛，腹痛などの身体症状を伴うこともあります。次にはコンピュータやシステムに関する学習の放棄，あからさまな拒否，逃避などさまざまな形で抵抗が現れ，最悪の場合は神経症やうつ状態に陥ってしまいます。さらにVDT障害とテクノ不安が相互に増幅されることもあります。

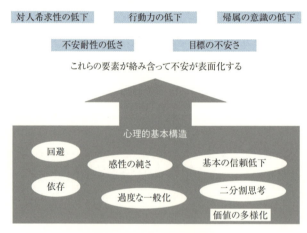

図12-3　不安の行動要因

　不安とは人間が生きていくうえで，本質的なものととらえられている価値がおびやかされて，しかもそのおびやかしに対して自分が無力である場合にかもしだされる漠然とした気がかりとされていますが，大部分の人は何らかの形で不安を克服しています。テクノ不安症についても同様であり，さらにテクノ不安症ではある程度対象がはっきりしているので対策は容易となります。まず，コンピュータの利便性と限界，特性を理解しておく必要があります。また，学習には余裕を持って時間配分を行い，マスターすることの早い，遅いは問題としないことが大切です。機器の改良にあたっては，コンピュータの操作はできる限り簡単なものの組合せとし，素人でも容易に使いこなせるように工夫する。技術革新にあたっては，技術の事前評価を十分に行い，ストレスを与えることなく社会に受け入れられるようコンセンサスを得る必要があります。同時に，各々の状況に応じた心の健康を含めた健康相談体制づくりが求められます。

12.3 テクノ疎外と端末依存

　現代は，競争原理を基本とする高度産業情報化社会とされ，生産性や能率の向上を目指す科学技術とその活用を最大の価値とする1つの体系が社会を動かしています。この科学技術の頂点に立っているのがコンピュータといえます。コンピュータの特性である即時性，正確性，大量処理の絶対化，二者択一的論理性はシステムエンジニア，プログラマーにとどまらず社会全体の価値観として定着しつつあります。このようなコンピュータに求められる完全性は創造性と相反する場合が少なくありません。

　科学技術は寿命，生活時間，労働形態，個人の行動範囲，情報の授受などにおいて先人が予測し得なかった変化をもたらしましたが，ゆとりと楽しみ，人間的豊かさも一緒に提供しているとは限りません。例えば，システムやユーティリティーによって作業能率が向上し，1人の仕事の効率が飛躍的に上昇しても処理する仕事量が増加すると労働時間の短縮，余暇の増大には必ずしもつながりません。すなわち，今までの1日の仕事量を時間単位，分刻みで処理するという時間管理だけが進むということも考えられます。このような場合，人は自然の時間感覚をはるかに越えた時間感覚で仕事をしなくてはいけなくなります。近年，急速に普及しているインターネットや携帯・スマホは利便性と同時に，新たな依存症や犯罪を生みだし，社会問題化しています。

　科学技術の成果としての機械文化は時間感覚ばかりでなく心理傾向や構造も知らず知らずのうちに変えてしまいます。コンピュータ技術を駆使した情報−応答機械，例えば，ある程度人間の代理をするロボットの影響について，小此木は次のように指摘しています。「自動応答機械は，感情を持たないし，生理的コンディションに左右されることなく，いつも同じようにこちらの期待通りの応答をしてくれる。もしこれが人間であれば，頼んだようにしてくれない恐れがある。断わられることもあれば，怒られることもある。その時によって反応も多様で，必ずしも期待通りというわけにはいかない。その点，自動応答機械は安定性と恒常性という点で，はるかに信用できる。そして人は，他者への依存よりも機械への依存の方が，より確実で，安定性があると思うようになる。」すなわち，情緒的な人間関係を避け，機械に依存してしまう傾向を持つようになる懸念です。子どものころからこのような機械に囲まれて成長すると情緒の希薄さと未熟さが残ってしまうことも心配されます。子どもが子どもらしさを失って，友だちとの喧嘩などの情緒的なかかわりを避け，家庭，学校からの距離を求める傾向は機械文化と関連している可能性があります。

12.4 ユビキタス社会と健康課題

　このようにコンピュータとそのシステムは，頭痛や疲労といった因果関係を容易にたどることのできるストレスにとどまらず，創造性の減退，自然感覚からの遊離，人と人とのふれ合いの減少を引き起こすという大きな内部矛盾をかかえています。しかし，人間の豊かな感性は矛盾したものを統合する能力にあるとされています。不安，あるいは一般的意味における情動的不適応が創造性を生み出すことも少なくありません。1つの問題につい

て，相反する合理的な考え方が同時に成立する場合も，時間の経過とともに解決されます。マスメディアは，画一的思考の形成と結びつきやすいとされますが，多様な考え，知識，感覚も同時に伝えてくれます。情報化社会では，少数意見を見逃さないことが重要になってきます。

また，コンピュータとのかかわりで人間の別な面が浮かびあがってくることも考えられます。コンピュータでつくられたバーチャルな世界と現実を混同し，のめり込んでしまう脳は，思い込みと錯覚に陥りやすく，依存しやすいことを示しています。記憶と計算処理を主体とする働きをコンピュータに任せてしまう是非について検討する必要があります。

ハイテク文明を一方的に拒否する時期は過ぎたと同時に，数百年かけて機械を受け入れ適応してきた人類は，短い年数で変化に対応していかなければならないのも事実です。ハイテクを受け入れていくモデルとして，ユビキタス社会が提案されています。提唱者であるマークワイザーは，コンピュータはやがてその存在自体を意識せずに使える段階に到達し，オフィスや家庭のさまざまな機器や場所にコンピュータは埋め込まれ，「人間がコンピュータを意識せずに自然にその機能を使用することができるサービス環境」が実現すべきと考えました。これまでのように，コンピュータを使うために人間が努力させられるのでなく，図12-4のように，人間が自然にコンピュータを活用できる人間中心の利用環境を目指すというものです。反面，気づかないうちにコンピュータに管理されてしまう可能性もあります。

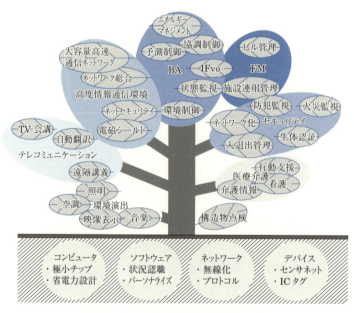

図12-4　ユビキタス社会の構築モデル
（宇治川正人，ALIA NEWS, Vol.89, 2005）

また，ユビキタスには人間的要素である社会的支援関係や仕事仲間の助け合い的要素を

あえて組み込む必要があります。変貌する社会の中の心理的条件として，まずマルチメディアは便利な道具と考えると同時に，自己の存在を成り立たしている意識の中で，人として生きて行くために必要な個々の価値観には多様性があることを認めていく必要があります。さらに，社会がコンピュータ化されればされるほど教育の現場では，豊かな体験を主体とした教育を心がけていくことが重要となってきます。

参考図書・文献

1) 吉田俊和他：インターネット依存および携帯メール依存のメカニズムの検討，電気通信普及財団研究調査報告書20，176-183 (2005)
2) パトリシア・ウォレス，川浦康他訳：インターネットの心理学，NTT出版 (2001)
3) 池大久保尭夫：人間工学から考えるVDT障害対策，月刊メディカル・パコン，VOL.3, NO.4, 340-348, 1988
4) 佐渡部真也：VDT作業，公衆衛生，VOL.52, NO.6, 379-381 (1988)
5) 小川賢治：コンピュータ人間　その病理と克服，勁草書房 (1988)
6) 教育コンピュータ研究会編：コンピュータの中の子供たち，現代書館 (1988)
7) 小此木啓吾：モラトリアム人間を考える，C・BOOKS，中央公論社 (1982)
8) ユージン・E・レヴィット，西川好夫訳：不安の心理学，法政大学出版局 (1976)

環境と健康を守る取り組み

13 予防原則から考える環境と健康

　我々日本人はこの50年間，健康に直接ダメージを与える「公害」という環境汚染に対して，法規制や技術開発である程度克服してきました。しかしPM2.5（粒径2.5マイクロメートル以下の超微粒子）のように国境を越える汚染や，原子力発電所の事故での放射性物質による汚染の問題，そして温暖化ガスによる気候変動などの地球環境問題に直面しています。
　一方で花粉症やアトピー性皮膚炎などアレルギーや日常生活に起因する成人病やメタボリック症候群，ロコモティブ症候群の増加，そして環境ホルモンなどの微量の化学物質による影響など，身近な環境が健康への影響を及ぼす事例が顕在化してきています。これらはその原因と影響が明らかになっていないものも多く，どのような対策や予防を取ることができるかが健康的な生活をおくる上での課題になっています。
　本章では，これら多くの問題や課題に対して「リスク管理」や「予防原則」という考え方で環境と健康を守る取り組みを考えてみたいと思います。

13.1　「環境と健康」の把握

　日本では「健康」が重要なキーワードとなっています。公衆衛生学で「健康」とは「病気や障害がないだけではなく，豊かに生活できている状態」と定義されています。高齢化に伴う「健康でいたい」という願望は年々強くなっており，食事や運動など生活面において様々な取組みをする人が増えています。
　「健康である」ということはどのような状態なのでしょうか。人の健康は外的要因と内的要因から受ける「良い」または「悪い」影響のバランスの上に成り立っていると考えられます。外的要因には「食事」，「空気や水」，「生活」，「ストレス」や「社会との接触」などがあり，また内的要因には「精神状態」，「身体の状態」，「遺伝的要因」があります。こ

れら外的および内的要因による影響のバランスが大きく崩れた場合に健康が維持できなくなると考えられます。そして，これら人の健康に影響を与えるすべての要因は「環境（自然環境，社会環境，生活環境など）」からの影響を受けていると考えられ，「健康でいたい」ためにはこれら環境の保全が欠かせないのです。

　1960年代後半より顕在化した四大公害（水俣病，第2水俣病，イタイイタイ病，四日市ぜんそく）に代表される公害は，人為的に環境中へ放出された化学物質が人体に取込まれ，健康に被害を与えたものであり，この多くは原因が解明され対策も取られることにより新たな発生は少なくなりました。しかし，自動車が原因となる窒素酸化物（NOx）や浮遊粒子状物質（SPM）による大気汚染や騒音・振動による被害は解決されたわけではありません。技術開発により自動車の排気ガスは浄化され，燃費は向上し，騒音・振動も減少しましたが，自動車の台数が増加しこれら対策の効果が相殺されています。

　また，東日本大震災での原子力発電所事故での放射性物質もよる環境汚染は，技術的にも解決が困難な問題であり将来にわたる健康被害も心配されています。

　さらに，日常生活ではシックハウス症候群，化学物質過敏症や花粉症，アトピー性皮膚炎などのように以下に示す特徴により原因究明，対処方法，治療方法が難しい病気で苦しむ人が増えています。

・微量な化学物質などで影響が現れる。	・人によって原因物質が異なる。
・複数の要因が原因となっている可能性がある。	・症状が多様である。
・突然発症することがある。	・影響が現れない人もいる。

　一方，地球規模の環境変化からみると，温室効果ガスによる地球温暖化が日本人の健康へ与える影響として以下のことが懸念されています。

（1）熱ストレス（気温上昇による身体負荷）による死亡リスク

　熱ストレスによる死亡者数は現状の2倍以上の年間約3,000人と推定される。

（2）悪化する大気汚染による影響

　夏期の高温環境は大気汚染の化学反応も亢進することから，オゾン濃度などにも直接影響し，光化学スモッグが増加する。

（3）感染性疾患

・蚊媒介性感染症（デング熱，チクングニア熱）の媒介蚊であるヒトスジシマカの分布域が北上する。

・蚊が媒介の日本脳炎ウイルスの活動が高まり，感染リスクの地域が北上する。

・水媒介性感染症であるビブリオ属菌の海水中における増殖の可能性が高まる。

・気温1℃の上昇により，病原性大腸菌出血性腸炎発症（EHEC：食中毒を引き起こす）の発症リスクが4.6％上昇する。

（環境省　地球温暖化の日本への影響2001（2001年4月），独立行政法人国立環境研究所　地球温暖化と健康（2004年6月1日），環境省環境研究総合推進費　戦略研究開発領域S-8温暖化影響評価・適応政策に関する総合的研究

2014 報告書（2014 年 3 月）より抜粋・編集）

このようにいかに社会の進歩や技術革新がおこっても人の健康に与える要因は，減るどころか対応が難しいものが増えてきます。これらから健康を守るためにどのような対応を取ることができるのでしょうか。

13.2 「環境と健康」のリスク管理

会社経営や工場では「危機管理」や「リスク管理」という言葉がよく使われています。「危機管理」というのは，発生が想定される事故や危機の本質を素早く把握し，発生後の被害を最小限に食い止め，2次的3次的危機の拡大を抑え込むことです。また，「リスク管理」は事故や危機の発生を予防しその確率をいつも一定以下に保ち，その影響を最小限にすることです。

人為的なものや地震・火山噴火など，自然災害からの外的要因による健康被害や影響は，起きてしまうことが確実な場合であれば「危機管理」が必要ですが，発生する可能性やその影響が不確実な場合には発生そのものを予防し影響を最小化する「リスク管理」の考え方で対応することも重要となります。

健康に影響を与える可能性のある要因のすべてに対応することは難しいので，現実的にみれば健康被害を引き起こす可能性が大きな要因に対応することとなります。一般的に「リスク管理」では"要因が発生する確率"，"影響の重大さ"の2つの性質で影響度合いを評価し，どの要因にどのように対応するかを決めることになります。

　　影響度合い　＝　要因が発生する確率　×　影響の重大さ

この影響度合いの評価を「リスク評価」または「リスクアセスメント」といいます。そしてリスクへの対応は，その影響度合いにより次の4つに分けることができます。

(1) リスク回避（risk avoidance）：要因の代替えや要因が生ずる事象を取り除く。
(2) リスク移転（risk transfer）：健康への影響を自分以外の人や物に移転する対応を取る。
(3) リスク制御（risk control）：要因による健康への影響を軽減する対応を取る。
(4) リスク受容（risk acceptance）：特に対応策を取らずに要因による健康への影響を受け入れる。

これらの対応をどのような場面で適用させるかについてリスク評価図が用いられることがあります。（図 13-1）

リスク評価図を用いて検討してみますと，過去の公害にように重大な健康被害が生ずるような場合は，リスクを「受容」することはできません。また「移転」も難しいので，「回避」となりますが，それも難しければ「制御」により被害の発生を抑制することを選択することになります。

図 13-1 中の縦と横の点線の位置が対応方法の選択に影響します。その点線の位置は発生の可能性や影響の重大さの捉え方によって決まってきます。そしてこれは画一的に決

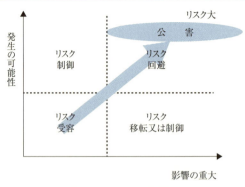

図 13-1　リスク評価図

まっているものではなく，それぞれの評価の際に決めていきます。

　企業活動では対応に必要なコストや得られる利益，不利益などを経営的に判断して評価を行い点線の位置を決めますが，健康への影響の場合はどうでしょうか。社会的に見れば，多くの人の健康の維持と社会的なコストのバランスを評価して点線の位置を設定することができるでしょうが，個人の価値判断で設定することが可能となりますので，公害対策や裁判時の企業側と被害者側の対立の原因の1つとなります。

　さらに近年の環境問題に起因する健康への影響では要因の発生確率の把握が困難であること，健康への影響が大きく不可逆的であると予想されること，利害関係者が多く利害関係が複雑であることなどリスク評価を行う際の条件が複雑になり，リスク対応方法の選択が難しくなっています。ただ，社会的に個人の健康の価値がどんどん高まってきていることはまちがいないと思われます。そこでリスク管理の考え方の1つである「予防原則」について紹介いたします。

13.3　予防原則について

　環境に関する予防原則の考え方が具体的に示されているのが，以下に示す1992年の地球サミット（リオデジャネイロ）で採択された「環境と開発に関するリオ宣言」の第15原則です。

> 環境を保護するため，予防的方策は，各国により，その能力に応じて広く適用されなければならない。深刻な，あるいは不可逆的な被害のおそれがある場合には，完全な科学的確実性の欠如が，環境悪化を防止するための費用対効果の大きい対策を延期する理由として使われてはならない。

　これは環境への悪影響が予想される場合には，それが科学的に完全に証明されていない不確実な状況であっても，それを言い訳にして効果のある環境保全政策を取らないことにはならないということを表しています。

　このような考え方はすでに1970年代より欧州の環境政策で取り入れられたといわれて

おり，1974年に成立した旧西ドイツの大気浄化法で大気汚染から森林破壊を守るために予防原則の考え方が具体的に取り入れられました。さらに1980年代からは国際的な議論が始まり，1982年の国連総会で採択された「世界自然憲章」で取り上げられ，その後国際協定や各国の国内法，政策に取り入れられており，特に1985年の「オゾン層の保護のためのウィーン条約」と1987年の「オゾン層を破壊する物質に関するモントリオール議定書」の前文に予防的措置の記載が明記されました。リオ宣言以降では主要な国際協定において，「予防」という言葉や「科学的不確実性が存在する場合についての考え方」が記載されています。

また，EU（欧州連合）では欧州委員会（EC）が2000年に公表した「予防原則に関する委員会コミュニケーション」で，予防原則の構成要素や適用する際のガイドラインが示されており，予防原則が国際法の一般原則の1つとなったとされています。その要素を以下に示します。

EUの予防原則基本要素

- 選択された保護レベルに釣り合うこと
- 適用において非差別的であること
- すでに実施された類似の措置と一貫性があること
- 措置を取るまたは措置を取らない場合の潜在的便益とコストの検証に基づいていること
- 新しい科学データが得られたときには再検証の対象とすること
- リスク評価に必要な科学的証拠を作成する責任の所在を明確にすること

EUにおける予防原則はリスク管理の概念に基づいており，ハザード（危機）やリスクの潜在的な脅威が疑われた場合は，入手可能な最新の科学的データを用いてリスク評価を行い，その中の不確実性の種類や大きさが明示され，利害関係者により議論され，費用対効果分析も行い，必要があれば因果関係の解明を待たずに対策を講ずることとなります。これまでに，成長促進剤としてのホルモン剤投与牛肉の輸入禁止や抗生物質，塩化ビニルの可塑剤，臭素化難燃剤の使用禁止，そして遺伝子組換え生物やBSE牛肉の輸入禁止などの適用例があります。しかし，ホルモン剤投与牛肉の輸入禁止は世界貿易機関（WTO）においてその正当性が争われるなど，予防原則の考え方が恣意的な貿易制限に用いられたと判断された例もあります。

一方，アメリカは「予防」に関する明確な考え方は示していません。「予防」は必要で有用な概念であるとしつつ，リスク管理においては科学の役割が重要であるとしています。また，予防的取組を支持する一方で普遍的な予防原則は認めず，あくまでケースバイケースであるという考えを示しています。また，リスク評価における予防（慎重な仮定，安全係数）とリスク管理における予防を区別することやリスク管理における予防が極端になった場合の技術革新への有害性や貿易制限について指摘しています。しかし，マサチューセッ

ツ州(1997年)やサンフランシスコ市と郡(2003年6月)では公共政策の指針として予防原則を採用するなどの取組みを始めている自治体も出てきています。

さて,日本では法規制で「予防」という言葉が使用されているものが多数ありますが,それらのほとんどが被害の未然防止という意味で使用されており,「化学物質や開発行為と影響の関係が科学的に証明されている,または因果関係が証明されていないが被害が明らかとなっている,リスク評価の結果,被害を避けるために未然に規制を行う」という概念となっています。たとえば「特定化学物質の環境への排出量の把握など及び管理の改善の促進に関する法律(PRTR法)(1999年)」,「化学物質の審査及び製造などの規制に関する法律(化審法)(2004年)」では科学的不確実性を前提としつつ予防的な考え方を踏まえた措置を規定しているものがあります。また,2000年に改定された環境基本計画の中で環境政策の指針となる4つの考え方の1つとして「予防的な方策」を挙げており,これが予防原則の考え方に該当すると考えられます。さらに2012年4月に策定された「第四次環境基本計画」の環境政策の原則・手法のなかで「リスク評価と予防的取組みの考え方」として以下のように継承されています。

『問題の発生の要因やそれに伴う被害の影響の評価,又は,施策の立案・実施においては,その時点での最新の科学的知見に基づいて必要な措置を講じたものであったとしても,常に一定の不確実性が伴うことについては否定できない。しかし,不確実性を有することを理由として対策をとらない場合に,ひとたび問題が発生すれば,それに伴う被害や対策コストが非常に大きくなる場合や,長期間にわたる極めて深刻な,あるいは不可逆的な影響をもたらす場合も存在する。そのため,このような環境影響が懸念される問題については,科学的証拠が欠如していることをもって対策を遅れさせる理由とはならず,科学的知見の充実に努めながら,予防的な対策を講じという「予防的な取組方法」の考え方に基づいて対策を講じていくべきである。この考え方は,地球温暖化対策,生物多様性の保全,化学物質の対策,大気汚染防止対策など,様々な環境政策における基本的な考え方として既に取り入れられており,例えば,生物多様性基本法は予防的取組方法などを旨とする規定を置いている。また,我が国が締結する国際条約においても,予防的取組方法を掲げるケースが多くなっており,その観点からも,国内での施策を予防的取組方法に基づいて実施すべき必要性が高まっている。今後,引き続きこの考え方に基づく施策を推進・展開していく必要がある。』

ただ,一般的な予防原則の適用についても次のような点が心配されています。
○科学的に不確実な面があっても必要な対策を講じるので,因果関係の究明など科学的な研究が進まなくなるのではないか。
○国によって求める環境保護や環境保全の水準に対する考え方に違いがあり,国家間の関係に悪影響を及ぼす場合があるのではないか。
○「予防」という考え方が乱用されることにより,不確実で曖昧なリスクの予防が横行するのではないか。

○予防原則に頼ることにより，根拠の弱い規制などが横行するのではないか。
○安全側に行き過ぎて，必要以上のコストがかかるのではないか。
○「予防」が恣意的に適用される恐れがあるのではないか。

一方，予防原則を非常に厳しく定義したものとして，世界で人権擁護や環境保護活動に携わっている人々が開いたウィングスプレッド会議（1998年）で示された「ウィングスプレッド声明」での予防原則があります。これは，「ある行為が人間の健康あるいは環境への脅威を引き起こす恐れがある時には，たとえ原因と結果の因果関係が科学的に十分に立証されていなくても，予防的措置がとられなくてはならない。」と結論づけています。

ウィングスプレッドの予防原則基本要素

- 環境と健康を守る目標を設定して行動を起こすこと
- 危害を最小にする方法を求めて，目標を達成する全ての合理的な方法と代替を検証すること
- 立証責任は被害者や潜在的な被害者ではなく，行為の提案者に移行すること
- 環境と健康に影響を与える政策決定には，民主主義と透明性があること

これは実践する行政機関を持たないため，具体的な適用事例はありませんが，ここでは，従来のリスク評価を基礎としたのでは人と環境は守れないとし，危険のない（リスクゼロを目指す）社会を実現することを理念としています。そのためには証拠が憶測の域をでず，また規制に伴う費用が大きかったとしても，その行為を規制しなければならないということになります。これにもやはり問題があり，ウィングスプレッドの予防原則については以下に示すような批判もあります。

○予防原則は曖昧であり，したがって役に立たない
○それは価値観であり，感情的であり，科学ではない
○それが実施されると技術的及び経済的進歩を妨げる
○それはリスクのない世界を求める"うぶ"な望みから生じたものである
○それはリスクアセスメントを無視しているので，採用されるかもしれない代替案が当初に提案されたものに比べてもっと大きな危険を生じるかもしれないという危険性がある

このように予防原則については，まだ国，組織そして利害関係者によって考え方や取組み方が異なっており，同じ考え方での取り組みを実施するには課題があります。今後この考え方が進化し，リスク管理や政策決定に世界的な共通認識のもとで必須の制度として根付いていくことを期待したいと思います。

13.4　予防原則で「環境と健康」を守る取り組み

予防原則はまだ多くの人が納得して活用できる段階には達しておりませんが，リスク管理の一環として重要であると考えられます。そこで予防原則をどのように活用できるかについて考えてみましょう。

世界保健機構（WHO）ヨーロッパ地域事務局での「環境と保健に関する閣僚会議（第4回：2004年6月開催）」で示された次世代（子供たち）のための予防原則の内容を示し，これを原子力発電所の事故による放射性物質汚染を要因とした子供たちへの健康への影響を防ぐという設定で以下にまとめました。

この予防原則は最終的には潜在的に有害な物質への暴露，有害な行為を継続的に削減し，可能であれば除去することを目指しており，「環境と開発に関するリオ宣言」やEUの予防原則の考え方を基本とした内容となっていると考えられます。

次世代（子供たち）のための予防原則	原子力発電所の事故による放射性物質汚染による子供たちへの健康への影響防止
① 健康や環境への影響が大きな物質の使用や行為に関しては適切な代替えが入手可能であれば，より影響の少ない物質や技術に代替えすることをうながすこと。	原子力に代わる適切な電力供給システムの可能性を供給安定性やコストより環境影響や事故による健康への影響などを優先的に考慮した検討を行い，実施すること。
② 人の環境と健康を保護するため公衆衛生的な目標を確立すること，ただし可能な限り最新の科学的根拠に基づくものとすること。	子供たちへの放射線影響（特に低線量，長期間の被爆など）の解明の研究を促進し早急に許容できる目標を設定すること。また，事故発生時の避難計画を許容限度超過範囲内の地域で早急に作成すること。
③ 人の環境と健康を保護するために必要な科学的研究を積極的に継続すること。	子供たちへの放射線影響や被爆による不可逆的な被害を発生させない対応策の解明の研究や避難による健康への影響を防止する研究を促進すること。
④ 健康や環境に与える有害な影響を最小にするため製造プロセス，製品および人間の活動（政策，計画，作業方法）を再考すること，ただしリスクゼロを達成するのではなく措置の実施の判断は潜在的便益とコストの検証に基づいて行うこと。	現状での原子力発電所の事故発生の予防策，事故時については最も影響が小さくなるような措置，避難行為による影響の最小化を検討し，その実効性をコスト検証とともに実施し，原子力に代わる適切な電力供給システムの検討を行うこと。
⑤ 説明責任を促進するために情報の公開と教育を実施すること。	これまで以上の原子力発電所に関する情報公開と原子力や放射線障害への理解および対応策の教育を利害関係者にまで実施すること。
⑥ 予防的な行為による非意図的な有害な影響について可能な限り最小化すること。	事故発生時対応のみではなく，事前対応策実施時においても地域への差別的行為や風評被害を防ぐ手立てを検討し実施すること。
⑦ 予防原則の適用においては国，地域，人種を問わず非差別的であること。	各種対応策実施において，地域内の住民や子供たちに対して全て平等に対応すること。

これらを実施することは簡単ではありませんが，決して困難なことではないと思います。具体的な運用は対象となる事象，地域や時代の相違，さらには社会的，政治的要素との関わりにより，画一的には進まないと推測されますが，このように基本的な考え方をまず設定し，できることから実施することが重要だと思われます。

13.5 持続可能な「環境と健康」へ

将来にわたり人間社会が開発を持続して便益を手に入れ続ける一方で良い環境の中で健

康的な生活を確保することは大きな目標です。現在の社会活動や産業活動がもたらす健康被害や環境への影響に関する理解は進んできましたが，対応には要因の持つ複雑さや不確実性による難しさがあります。ゆえにグローバルな経済活動は時には国際間競争を引き起こしコストと便益のバランスを歪めてしまい環境汚染や健康被害を引き起こすこともありますし，貧困が環境保全や健康維持を犠牲にした開発による搾取の原因になり得ることもあります。

したがって，深刻で不可逆的な脅威が予想される場合には，科学的不確実性があっても予防措置を実施するという予防原則を取り入れた対応が重要となってくると思われます。そのためにも国際的な共通認識を得られる基本的な予防原則の考え方を決める必要があるのではないでしょうか。科学的な根拠の問題，対応策での費用対便益の問題，科学的研究のコストの問題，説明責任の問題など課題も多くあることは事実ですが，各国が国際的議論の中で世界での共通認識が得られる予防原則の設定が望まれるとともに，わが国を含めた先進国が早急に共同で予防原則に対する方針を設定し国際的なリーダーシップをとることが必要であると考えます。

参考図書・文献

1) 環境と健康を守る新しい取り組み −予防原則を考える− 大竹千代子（現代化学，2004年5月）
2) 環境政策における予防的方策・予防原則のあり方に関する研究会報告 環境省 2004年10月
3) 予防原則 化学物質問題市民研究会ホームページ
   (http://www.ne.jp/asahi/kagaku/pico/precautionary/precautionary_master.html)
4) 予防原則に関する欧州委員会コミュニケーション COM2000（訳：安間武（化学物質問題市民研究会））
   (http://www.ne.jp/asahi/kagaku/pico/precautionary/eu/eu_com2000.html)
5) 予防原則に関するウィングスプレッド会議/声明（訳：安間武（化学物質問題市民研究会））
   (http://www.ne.jp/asahi/kagaku/pico/precautionary/wingspread/wingspread.html)
6) 第4回環境と健康に関する閣僚会議（WHOヨーロッパ地域事務局 2004年）エグゼクティブ・サマリー（訳：安間武（化学物質問題市民研究会））
   (http://www.ne.jp/asahi/kagaku/pico/precautionary/budapest/exective_summary.html)
7) 環境リスク管理における予防原則の考え方 村上武彦 2002 予防時報 211
8) 予防原則の意義 藤岡典夫 農林水産政策研究 第8号，33-52，2005
9) 予防原則の原則とその問題点 標宣男 聖学院大学論叢 15 (2)，91-107，2003
10) 予防原則は政策の指針として役立たないのか？ 高津融男 京都女子大学現代社会研究 第7号，163-175，2004
11) 第四次環境基本計画 環境省 2012年4月27日
12) 環境省 地球温暖化の日本への影響2001 2001年4月
13) 独立行政法人 国立環境研究所 地球温暖化と健康 2004年6月1日
14) 環境省環境研究総合推進費 戦略研究開発領域 S-8 温暖化影響評価・適応政策に関する総合的研究 2014 報告書 2014年3月

14 待ったなしの地球温暖化対策

　人為的地球温暖化論には懐疑論もあります。しかし，IPCC（気候変動に関する政府間パネル）の第4次評価報告書[注]は，「人間活動が原因で地球温暖化が起こっている」と結論づけました。現在も，大気中の二酸化炭素は増加・蓄積し続けています。いま全世界が協調して，すみやかに温暖化問題に対処していく必要があります。

注：第5次評価報告書が2013年に第1作業部会から，2014年に第2，作業3部会から出されている。

14.1 最良の科学的知見に基づく地球温暖化論の検証

　"地球温暖化論"についてはすでにおびただしい本や，解説が出版されています。科学は急速に多方面に発展し，1人の科学者がどんな分野であれ，全体をレビューして展望することは，現在では事実上不可能になりつつあることを，私たちはまずよく考える必要があります。また，その時々の科学者の多数意見が常に真実であるとは限りません。しかし，科学は常に作動中であり，科学的知見は懐疑の試練に繰返し，繰返し耐えなければなりません。

　一方において，より良い社会的意志決定（政策決定）を行うためには，最良の科学的知見に基づかなければなりません。ここで私たちは困難な問題に直面します。どの科学者も全体を知らない状況でいかにして最良の科学的知見を入手し，それに基づいて，どのようにして市民は多数決により政治的意志を確立するかという問題です。

　この問題に正解はなく，多様な情報プラットフォームを作り，社会の中で科学コミュニケーションを活発化するより他はありません。そのような趣旨で，筆者（山本）らは実行委員会を作り，世界の170名の科学者の知見を可能な限り中立的な見地からレビューしたものを"サステナビリティの科学的基礎に関する調査報告書"としてまとめ，公表しました。

　この報告書に限らず，英国気象庁，ハドレーセンターからも地球温暖化に関して優れた報告書が公表されています。とりわけ重要なのは，定期的に発表されるIPCCの報告書です。世界で出版される膨大な研究をレビューして執筆されていますので，まずこの報告書を議論の基礎にすることが必要となります。しかしながら，IPCC報告書にもレビューの限界があることは明らかであり，批判的に読むことが肝心です。

　そのためには，"人為的地球温暖化説"に反対する，いわゆる懐疑派の見解を合わせて検証する必要があります。たとえば，ホームページ TWTW（The Week That Was）には，毎週，全世界の懐疑派の最新の見解が紹介されています。それに対抗して，IPCC支援派の反論や新しい研究の紹介は，たとえばホームページ Real Climate に掲載されてい

ます。

　筆者がこの2年間ほど，両者の見解を読み比べた経験によれば，IPCCの結論，すなわち「人為的起源の温室効果ガス排出による地球温暖化の急速な進行」は，もはや揺るぎのない結論であると言っても過言ではありません。もちろん今後も気候の自然変動については，研究をさらに進める必要があるのと，気候シミュレーションの予測精度を飛躍的に高めることが求められます。

14.2　IPCC第4次評価報告書が示した結論

　このほど発表されたIPCCの第4次評価報告書は，それが最良の科学的知見であるとすると，人類や他の生物にとってきわめて深刻な内容になっています。

　その要点は，地球温暖化によって，① 過去100年間で地球の表面温度は0.74℃上昇したこと，② 過去30年間については10年間で0.2℃ずつ上昇していること，③ すなわち温暖化は加速していること，④ 産業化以降の最も温暖な年は最近の数年間で起こっていること（図14-1 参照），⑤ 過去1,300年間を見ても，現在の気温が最も高いことはほぼ確実であること，⑥ また海面水位の上昇率も1.8mm/年（1961～2003）より，3.1 mm/年（1993～2003）と加速していることです。

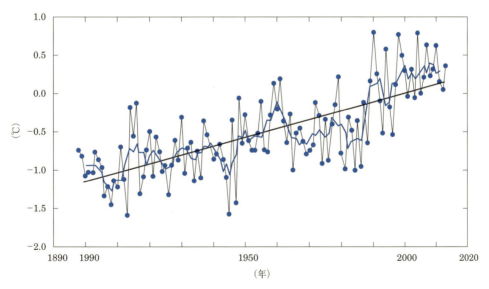

図14-1　**日本における年平均気温の経年変化**（1898～2013）
（気候変動監視レポート，2014，気象庁）

　気候シミュレーションによると21世紀末に1.1～6.4℃気温上昇し，海面水位は18～59 cm上昇し，熱帯低気圧は強まり，21世紀後半に夏季には北極海氷は消滅し，海洋は酸性化して海洋，陸地ともに二酸化炭素の取込み（吸収量）は減少すると予測されていま

す。この温暖化の原因は人為的起源（主に化石燃料の消費）の温室効果ガスであるとほぼ断定しています。

人類が、まさに地球温暖化をひき起こしているのです。

人為的な地球温暖化の進行を認め、それを憂慮し、政治指導者にただちに行動を起こすことを求めるさまざまな声明が公表されています。たとえば、日本、米国、英国、中国、インド、フランス、ドイツ、ロシアなど11カ国の学術会議会長による共同声明、米国の86名のキリスト教指導者による声明、世界の金融業23社による声明などがあります。

14.3 大気中に蓄積し続ける二酸化炭素

二酸化炭素、メタン、二酸化窒素、フロンなどが温室効果をもつことは、今日では気候科学において確立されています。温室効果ガスの中でも、二酸化炭素は温暖化ポテンシャルの6割程度を占めているとされ、大変重要です。

大気中のCO_2濃度が体積分率で1 ppm（百万分の1）であるとは、大気中に80億トンのCO_2が存在することを意味します。CO_2濃度は世界各地で観測・測定されていますが、現在の濃度は380 ppmで、産業化前の280 ppmを100 ppmも上回ってしまっています（図14-2参照）。これは過去200年くらいの間に、人類が大量の化石燃料を燃焼させてCO_2を発生させ、また森林を伐採するなど土地の利用形態を大きく変えてCO_2を発生させたためです。その結果、現在の大気中には、産業化前と比較して8,000億トンもの余分のCO_2が蓄積されています。

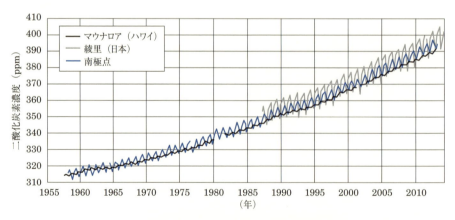

図14-2 過去60年間の大気中の二酸化炭素濃度変化
（気候変動監視レポート、2014、気象庁）

それではCO_2濃度は毎年どのくらい増加しているのでしょうか。1980年代は1.5 ppm/年ずつ、IPCC報告書によれば、この10年間は平均して1.9 ppm/年ずつ増加しています。すなわち、年間152億トンものCO_2が大気中に蓄積されているのです。CO_2だけをとってみても、年間152億トンを削減しない限り、地球温暖化の進行を抜本的に食い止

ることはできないことがわかります。京都議定書の削減目標は，1990年比で，先進国全体で5.2%，つまり約10億トン程度を削減するということですから，達成できたとしても温暖化防止には焼け石に水であることがわかります。

CO_2の年間排出量にNASA（米国航空宇宙局）のJ. ハンセン博士のデータ，275億トン（2005）を使うと，毎秒872トン（体積にして49万6,000 m³）のCO_2が昼夜をおかず大気中に放出され，そのうち約60%が海や森林などに吸収されずに大気中に蓄積されているということになります。

それでは，一度大気中に排出されたCO_2はどのように除去されるのでしょうか。さまざまなメカニズムがありますが，一度大気中に放出されたCO_2は長時間大気中にとどまると考えられています。2005年のシカゴ大学のD. アーチャーの研究によれば，その平均寿命は長く尾を引き，3万年から3万5,000年の範囲にあるとしています。放出されたCO_2は1,000年後に17〜33%，1万年後に10〜15%，10万年後に7%残存しますが，一般の議論においてはCO_2の寿命を300年とすると，排出量の25%は永久に残留すると考えればよいと述べています。

すなわち，人類は産業革命以降，大気中に8,000億トンのCO_2を蓄積させ，現在毎年152億トンずつ，さらに増加させて大気中から除去されず，地球を温暖化させるのです。これが問題なのです。

CO_2の大気中の寿命が長いことから，氷河期の周期を説明したミランコヴィッチサイクルで太陽のまわりを回る地球軌道にわずかな変化が生じて，太陽からの放射強制力が若干減少しても（負の放射強制力が生じても），残存CO_2による正の放射強制力に圧倒されて次の氷河期は到来しないだろうという考えも出されています。また，到来するとしても約3万年後の先になるというのです。したがって，人類は長期間にわたって地球温暖化問題に立ち向かわざるを得ないというのが現在の気候科学が教えるところです。

14.4 すでに始まっている温暖化

昨年9月には英国のインデペンデント紙に，北極海氷が2005年10月から2006年4月にかけて72万平方キロメートル（トルコの面積分）消失したとの衝撃的なニュースが報じられました。1979年以来の人工衛星観測で，北極海氷はこれまで年間0.15%の割合でゆるやかに減少してきたが，2004年，2005年は6%ずつ減少し，加速しています。日本の海洋研究開発機構とカナダとの共同研究によれば，温かい太平洋の海水の北極圏への流入にその原因があるとしています。

米国立大気研究センターとワシントン大学のコンピューター・シミュレーションによれば，2040年にも夏期に北極海氷が完全に消滅する可能性があると計算されています。一方，米国とロシアの共同研究により，温暖化によってシベリアの凍土の融解が進み，フランスとドイツを合わせたくらいの巨大な湖が出現して，メタンの泡が大気中に放出されて，2000年の放出量は1974年と比べて58%増加したと報じられています。承知のよう

に，メタンはCO_2より約23倍の温室効果作用を持つとされています。

　これらは，いずれも温暖化の正のフィードバックが開始されたことを物語っています。今回のIPCCの第4次評価報告書でも今世紀後半，陸域生態系は温暖化の進行とともにCO_2を吸収する側から放出する側へ転化すると予測しています。また，海洋の酸性化が始まっており，CO_2吸収能力はすでに低下しつつあります。このように，温暖化は正のフィードバックによりさらに加速化され，人類の制御不可能な状態（暴走化）に移る懸念が強くなっているのです。

　日本の科学者による最も精度の高い気候シミュレーションによれば，地球の表面温度が産業化前と比較して，1.5℃上昇するのが2016年ごろ，2℃上昇が2028年ごろ，3℃上昇が2052年ごろと予測されています（責任編集山本良一，「気候変動＋2℃」，ダイヤモンド社（2006）参照）。

　温暖化によってさまざまな影響が出ることが予測されます。人間社会からみて，良い影響と悪い影響が考えられます。すでに現れている地球温暖化の影響としては，山岳の氷河の収縮や後退，永久凍土の融解，河川や湖畔の結氷期間の短縮，異常気象・気象災害の多発（図14-3）海洋・淡水生態系への影響，人間社会・経済活動の影響（農業，人の健康への影響）などがあります。

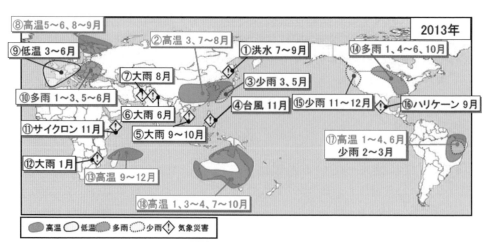

図14-3　2013年の主な異常気象・気象災害の分布図
(気候変動監視レポート，2013，気象庁)

14.5　待ったなしの温暖化対策

　EU（欧州連合）は，気候リスクは温度上昇が1.5～2℃において急速に拡大することより，気温上昇を2℃以下に抑制することを環境政策の長期目標としてきました。この値は，水不足，マラリア禍，飢餓，沿岸洪水などにさらされる世界人口が急増しないことを目標に，気候変動目標を2℃に設定したのです。しかし，他の生物種を守るためには気温

上昇を 1.5℃ 以下に，また上昇速度を 0.05℃/10 年以下に抑制することが必要であると科学者から提案されています。

IPCC 第 4 次評価報告書の 3 つの作業部会の報告書の概要が公表された後の，2007 年 6 月に，ドイツのハイリゲンダムで G8 サミットが開かれました。5 月に日本の首相はサミットを前にして，"美しい星へのいざない「Invitation to Cool Earth 50」構想"を発表しました。その骨子は，以下の 5 点です。

1）世界全体の温室効果ガス排出量を 2050 年に半減
2）排出量削減のための「革新的技術開発」と「低炭素社会づくり」
3）「京都議定書」後の枠組みづくりへ「すべての主要排出国の参加」，「各国の事情に配慮した多様性」，「環境保全と経済発展の両立」の原則
4）環境対策に意欲のある途上国支援のための新たな資金拠出メカニズム
5）「1 人 1 日 1 キログラム」の排出削減に向けた国民運動の展開

排出量削減の基準年をわざと戦略的にあいまいにして，米国，中国，インドなどに参加を促したと解説されています。

専門家によれば，世界の温室効果ガスの総排出量は CO_2 に換算して 1990 年の 340 億トンから，2007 年には 471 億トンに達したと推定されています。したがって，現状からの温室効果ガスの半減は 2000 年比では 31％減を意味します。1990 年比で半減は現状からは 64％減となります。いずれにしても，2050 年までに大幅削減が必要であるということは世界の大勢になりつつあります。米国は削減目標についての合意を目指す国際会議を同国で開催したいとの提案をサミットの直前に行いました。

このような中で G8 サミットは開催され，その成果文書の中に，2050 年までに地球規模での排出量を少なくとも半減させることを含む，EU，カナダ，日本による決定を真剣に検討すると総括しています。

参考図書・文献

1）山本良一：地球温暖化対策は待ったなし，現代化学，No.438，p.14～17，東京化学同人（2007）
2）山本良一編：気候変動 + 2℃，ダイヤモンド社（2006）
3）イースクエア事務局：サステナビリティの科学的基礎に関する調査報告書，エーエーディ，2005（報告書全文は，http://www.sos2006jp/ に掲載）
4）気象庁訳：IPCC 第 4 次評価報告書第 1 作業部会報告書−政策決定者向け要約−，気象庁（2007）
5）山田雅久編：このままでは地球はあと 10 年で終わる，洋泉社 MOOK（2007）
6）気象庁：気候変動監視レポート 2013，気象庁（2014）

資料1 水道水の水質基準 (51項目の区分，説明を含む)

水道水は，水道法第4条の規定に基づき，「水質基準に関する省令」で規定する水質基準に適合することが必要とされます。(平成27年4月1日改正施行)

項目	基準値	区分	説明	主な使われ方
1 一般細菌	1mLの検水で形成される集落数が100以下	病原生物による汚染の指標	水の一般的清浄度を示す指標であり，平常時は水道水中には極めて少ないですが，これが著しく増加した場合には病原生物に汚染されている疑いがあります。	
2 大腸菌	検出されないこと		人や動物の腸管内や土壌に存在しています。水道水中に検出された場合には病原生物に汚染されている疑いがあります。	
3 カドミウム及びその化合物	カドミウムの量に関して，0.003mg/L以下		鉱山排水や工場排水などから河川水などに混入することがあります。イタイイタイ病の原因物質として知られています。	電池，メッキ，顔料
4 水銀及びその化合物	水銀の量に関して，0.0005mg/L以下		水銀鉱床などの地帯を流れる河川や，工場排水，農薬，下水などの混入によって河川水などで検出されることがあります。有機水銀化合物は水俣病の原因物質として知られています。	温度計，歯科材料，蛍光灯
5 セレン及びその化合物	セレンの量に関して，0.01mg/L以下		鉱山排水や工場排水などの混入によって河川水などで検出されることがあります。	半導体材料，顔料，薬剤
6 鉛及びその化合物	鉛の量に関して，0.01mg/L以下		鉱山排水や工場排水などの混入によって河川水などで検出されることがあります。水道水中には含まれていませんが鉛管を使用している場合に検出されることがあります。	鉛管，蓄電池，活字，ハンダ
7 ヒ素及びその化合物	ヒ素の量に関して，0.01mg/L以下		地質の影響，鉱泉，鉱山排水，工場排水などによって河川水などで検出されることがあります。	合金，半導体材料
8 六価クロム化合物	六価クロムの量に関して，0.05mg/L以下	無機物・重金属	鉱山排水や工場排水などの混入によって河川水などで検出されることがあります。	メッキ
9 亜硝酸態窒素	0.04mg/L以下		生活排水，下水，肥料などに由来する有機性窒素化合物が，水や土壌中で分解される過程でつくられます。	窒素肥料，食品防腐剤，発色剤
10 シアン化物イオン及び塩化シアン	シアンの量に関して，0.01mg/L以下		工場排水などの混入によって河川水などで検出されることがあります。シアン化カリウムは青酸カリとして知られています。	害虫駆除剤，メッキ
11 硝酸態窒素及び亜硝酸態窒素	10mg/L以下		窒素肥料，腐敗した動植物，生活排水，下水などの混入によって河川水などで検出されます。高濃度に含まれると幼児にメトヘモグロビン血症(チアノーゼ症)を起こすことがあります。水，土壌中で硝酸態窒素，亜硝酸態窒素，アンモニア態窒素に変化します。	無機肥料，火薬，発色剤
12 フッ素及びその化合物	フッ素の量に関して，0.8mg/L以下		主として地質や工場排水などの混入によって河川水などで検出されます。適量摂取は虫歯の予防効果があるとされていますが，高濃度に含まれると斑状歯の症状が現れることがあります。	フロンガス製造，表面処理剤
13 ホウ素及びその化合物	ホウ素の量に関して，1.0mg/L以下		火山地帯の地下水や温泉，ホウ素を使用している工場からの排水などの混入によって河川水などで検出されることがあります。	表面処理剤，ガラス，エナメル工業，陶器，ホウロウ

項 目	基準値	区 分	説 明	主な使われ方
14 四塩化炭素	0.002mg/L 以下	一般有機物	主に化学合成原料，溶剤，金属の脱脂剤，塗料，ドライクリーニングなどに使用され，地下水汚染物質として知られています。	フロンガス原料，ワックス，樹脂原料
15 1,4-ジオキサン	0.05mg/L 以下			洗浄剤，合成皮革用溶剤
16 シス-1,2-ジクロロエチレン及びトランス-1,2-ジクロロエチレン	0.04mg/L 以下			溶剤，香料，ラッカー
17 ジクロロメタン	0.02mg/L 以下			殺虫剤，塗料，ニス
18 テトラクロロエチレン	0.01mg/L 以下			ドライクリーニング
19 トリクロロエチレン	0.01mg/L 以下			溶剤，脱脂剤
20 ベンゼン	0.01mg/L 以下			染料，合成ゴム，有機顔料
21 塩素酸	0.6mg/L 以下	消毒副生成物	消毒剤の次亜塩素酸ナトリウム及び二酸化塩素の分解生成物です。	試薬
22 クロロ酢酸	0.02mg/L 以下		原水中の一部の有機物質と消毒剤の塩素が反応して生成されます。	
23 クロロホルム	0.06mg/L 以下			
24 ジクロロ酢酸	0.03mg/L 以下			
25 ジブロモクロロメタン	0.1mg/L 以下			
26 臭素酸	0.01mg/L 以下		原水中の臭化物イオンが高度浄水処理のオゾンと反応して生成されます。	毛髪のコールドウエーブ用薬品
27 総トリハロメタン	0.1mg/L 以下		クロロホルム，ジブロモクロロメタン，ブロモジクロロメタン，ブロモホルムの合計を総トリハロメタンといいます。	
28 トリクロロ酢酸	0.03mg/L 以下			
29 ブロモジクロロメタン	0.03mg/L 以下		原水中の一部の有機物質と消毒剤の塩素が反応して生成されます。	
30 ブロモホルム	0.09mg/L 以下			
31 ホルムアルデヒド	0.08mg/L 以下			
32 亜鉛及びその化合物	亜鉛の量に関して，1.0mg/L 以下	着色	鉱山排水，工場排水などの混入や亜鉛メッキ鋼管からの溶出に由来して検出されることがあり，高濃度に含まれると白濁の原因となります。	トタン板，合金，乾電池
33 アルミニウム及びその化合物	アルミニウムの量に関して，0.2mg/L 以下		工場排水などの混入や，水処理に用いられるアルミニウム系凝集剤に由来して検出されることがあり，高濃度に含まれると白濁の原因となります。	アルマイト製品，電線，ダイカスト，印刷インク
34 鉄及びその化合物	鉄の量に関して，0.3mg/L 以下		鉱山排水，工場排水などの混入や鉄管に由来して検出されることがあり，高濃度に含まれると異臭味（カナ気）や，洗濯物などを着色する原因となります。	建築，橋梁，造船
35 銅及びその化合物	銅の量に関して，1.0mg/L 以下		銅山排水，工場排水，農薬などの混入や給水装置などに使用される銅管，真鍮器具などからの溶出に由来して検出されることがあり，高濃度に含まれると洗濯物や水道施設を着色する原因となります。	電線，電池，メッキ，熱交換器
36 ナトリウム及びその化合物	ナトリウムの量に関して，200mg/L 以下	味	工場排水や海水，塩素処理などの水処理に由来し，高濃度に含まれると味覚を損なう原因となります。	苛性ソーダ，石鹸

項目	基準値	区分	説明	主な使われ方
37 マンガン及びその化合物	マンガンの量に関して，0.05mg/L 以下	着色	地質からや，鉱山排水，工場排水の混入によって河川水などで検出されることがあり，消毒用の塩素で酸化されると黒色を呈することがあります。	合金，乾電池，ガラス
38 塩化物イオン	200mg/L 以下		地質や海水の浸透，下水，家庭排水，工場排水及びし尿などからの混入によって河川水などで検出され，高濃度に含まれると味覚を損なう原因となります。	食塩，塩素ガス
39 カルシウム，マグネシウム等(硬度)	300mg/L 以下	味	硬度とはカルシウムとマグネシウムの合計量をいい，主として地質によるものです。硬度が低すぎると淡泊でこくのない味がし，高すぎるとしつこい味がします。また，硬度が高いと石鹸の泡立ちを悪くします。	カルシウム：肥料，さらし粉マグネシウム：合金，電池
40 蒸発残留物	500mg/L 以下		水を蒸発させたときに得られる残留物のことで，主な成分はカルシウム，マグネシウム，ケイ酸などの塩類及び有機物です。残留物が多いと苦み，渋みなどを付け，適度に含まれるとまろやかさを出すとされます。	
41 陰イオン界面活性剤	0.2mg/L 以下	発泡	生活排水や工場排水などの混入に由来し，高濃度に含まれると泡立ちの原因となります。	合成洗剤
42 ジェオスミン	0.00001mg/L 以下	カビ臭	湖沼などで富栄養化現象に伴い発生するアナベナなどの藍藻類によって産生されるカビ臭の原因物質です。	
43 2-メチルイソボルネオール	0.00001mg/L 以下		湖沼などで富栄養化現象に伴い発生するフォルミジウムやオシラトリアなどの藍藻類によって産生されるカビ臭の原因物質です。	
44 非イオン界面活性剤	0.02mg/L 以下	発泡	生活排水や工場排水などの混入に由来し，高濃度に含まれると泡立ちの原因となります。	合成洗剤，シャンプー
45 フェノール類	フェノールの量に換算して，0.005mg/L 以下	臭気	工場排水などの混入によって河川水などで検出されることがあり，微量であっても異臭味の原因となります。	合成樹脂，繊維，香料，消毒剤，防腐剤の原料
46 有機物（全有機炭素（TOC）の量）	3mg/L 以下	味	有機物などによる汚れの度合を示し，土壌に起因するほか，し尿，下水，工場排水などの混入によっても増加します。水道水中に多いと渋みをつけます。	
47 pH値（ペーハー値）	5.8 以上 8.6 以下	基礎的性状	0から14の数値で表され，pH7が中性，7から小さくなるほど酸性が強く，7より大きくなるほどアルカリ性が強くなります。	
48 味	異常でないこと		水の味は，地質又は海水，工場排水，化学薬品などの混入及び藻類など生物の繁殖に伴うもののほか，水道管の内面塗装などに起因することもあります。	
49 臭気	異常でないこと		水の臭気は，藻類など生物の繁殖，工場排水，下水の混入，地質などに伴うもののほか，水道水では使用される管の内面塗装剤などに起因することもあります。	
50 色度	5度以下		水についている色の程度を示すもので，基準値の範囲内であれば無色な水といえます。	
51 濁度	2度以下		水の濁りの程度を示すもので，基準値の範囲内であれば濁りのない透明な水といえます。	

（東京都水道局）

資料2　大気汚染に係る環境基準

大気汚染に係る環境基準

物　質	環境上の条件（設定年月日等）	測定方法
二酸化イオウ（SO_2）	1時間値の1日平均値が0.04ppm以下であり，かつ，1時間値が0.1ppm以下であること。（48.5.16告示）	溶液導電率法又は紫外線蛍光法
一酸化炭素（CO）	1時間値の1日平均値が10ppm以下であり，かつ，1時間値の8時間平均値が20ppm以下であること。（48.5.8告示）	非分散型赤外分析計を用いる方法
浮遊粒子状物質（SPM）	1時間値の1日平均値が0.10mg/m3以下であり，かつ，1時間値が0.20mg/m3以下であること。（8.5.8告示）	濾過捕集による重量濃度測定方法又はこの方法によって測定された重量濃度と直線的な関係を有する量が得られる光散乱法，圧電天びん法若しくはベータ線吸収法
二酸化窒素（NO_2）	1時間値の1日平均値が0.04ppmから0.06ppmまでのゾーン内又はそれ以下であること。（53.7.11告示）	ザルツマン試薬を用いる吸光光度法又はオゾンを用いる化学発光法
光化学オキシダント（OX）	1時間値が0.06ppm以下であること。（48.5.8告示）	中性ヨウ化カリウム溶液を用いる吸光光度法若しくは電量法，紫外線吸収法又はエチレンを用いる化学発光法

（環境省）

備考　1　環境基準は，工業専用地域，車道その他一般公衆が通常生活していない地域または場所については，適用しない。
　　　2　浮遊粒子状物質とは大気中に浮遊する粒子状物質であってその粒径が10μm以下のものをいう。
　　　3　二酸化窒素について，1時間値の1日平均値が0.04ppmから0.06ppmまでのゾーン内にある地域にあっては，原則としてこのゾーン内において現状程度の水準を維持し，又はこれを大きく上回ることとならないよう努めるものとする。
　　　4　光化学オキシダントとは，オゾン，パーオキシアセチルナイトレートその他の光化学反応により生成される酸化性物質（中性ヨウ化カリウム溶液からヨウ素を遊離するものに限り，二酸化窒素を除く。）をいう。

索 引

あ 行

悪性新生物　10
朝の光刺激　109
足尾銅山鉱毒事件　39
アスベスト禍　46
アフリカ眠り病　71
アライグマ　72
アライグマ回虫　72
アルゼンチン出血熱　70
アルマ・アタ宣言　3
アレルギー　65，100
アレルギー（allergy）反応　100
アレルギー（Ⅰ型）発症のメカニズム　102
アレルギーの分類　101
アレルゲン　100，102
「安全」と「安心」　98
安全な水　36，41

硫黄酸化物　44
閾値（Threshold Value）　55
閾値：反応最少用量　55
医原病　9
石狩川パルプ汚染　40
異常気象　148
依存性心身症　18
格差　21
遺伝的影響　92
遺伝的体質（アトピー素因）　101
イニシエーション（初発要因）　32
犬糸状虫　79
癒し　115，116
癒し効果　116
インスリン　28
インターロイキン　63
院内感染　9
インフルエンザ　80
インフルエンザA型　80

ウイングスプレッド声明　141
ウェステルマン肺吸虫症　73
ウォータープランシステム　21，38
美しい星へのいざない　149

エアロゾル　47
影響域　45
エキゾチックペット　73
エネルギー効率　111

エピトープ　106
エボラ出血熱　71，75

黄熱　79
黄熱病　71
オキシダント　47
オゾン処理　42
オゾン層　16
オゾンホール　15
オタワ宣言　3
温室効果　14
温室効果ガス　146
温度馴化　27

か 行

外殻温　25
快適　115
快適$^+$　116
外的要因　135
開放系　36
皆保険制度　19
化学的ストレス　32
科学的知見　144，145
科学的不確実性　140，143
化学物質過敏症　106，121
格差　21
核心温　25
確率的影響　92
学校保健統計調査　103
活性炭処理　42
活動の快　115
活動の制限要素　36
花粉症　103
からだのリズム　108
がん　10
環境汚染のリスク　51
環境基本法　44
環境主義　2
環境と開発に関するリオ宣言　138
環境と保健に関する閣僚会議　142
環境保全システム　48
環境ホルモン　16，17，52
還元型　43
眼精疲労　127
感染症　6
感染症疾患　136
感染症法　68
ガンマグロブリン　65

観葉植物　118，119，120，129
危機管理　56，137
気候シミュレーション　145，148
気候変動　14
気候変動目標　148
寄生虫　102
季節性インフルエンザ　83
喫煙　10
揮発性有機化学物質　122
急性影響　92，93
急性障害　94
キュリー夫人（マリー・キュリー）　89
胸腺　67
京都議定書　146，149
許容範囲　101
筋骨格系の疲労　128

空気浄化作用　121，122
空気の組成　42
グルコース（ブドウ糖）の代謝調節　27
グルコース－ホルモン効果　28，111
グレイ（Gy）　91

結核　8
結核非常事態宣言　9
血糖値　28
原我（エス）　34
健康観　2
健康項目　41
健康志向　3
健康の構造　3
健康の水準　2
健康リスク　52
現代病　112

公害事件　38
公害対策基本法　44
公害闘争　40，41
公害病　40
光化学スモッグ　47
光化学反応　47
抗原　64
高病原性鳥インフルエンザ　82
甲状腺がん　94
甲状腺ホルモン　52，53
構成概念　33
抗生剤耐性菌　9

155

索引

抗体　65
交代制勤務　114
好中球　67
好適視認環境　127
公的責任　4
鉱毒被害　39
高度産業情報化社会　131
高度浄水処理　42
高度処理　41
抗病主義　2
コウモリ　72, 73
高齢化　21
黒煙　46
国連科学委員会　90, 98
好ましくない内的状態　33
コルチゾール　30, 31
コンパートメントモデル　52
コンピュータ的な思考　129
コンピュータの特性　131

さ　行

サーカディアンリズム　108
再興感染症　8, 68
サイトカイン　63
サイトカインストーム　85
細胞の修復　95
サバンナ仮説　117
サルモネラ　73
酸化型　43
産業廃棄物　97
産業排水　40, 41

シーベルト（Sv）　91
ジェット・ラグ（時差ボケ）
　113
自我（エゴ）　34
時間管理　131
しきい値　92
刺激　23
自己決定権　98
自己責任　3, 4, 19
自己免疫疾患　100
自殺　19
自殺者の推移　19
次世代（子供たち）のための予防原則　142
自然心理生理学　124
自然の浄化能力　42
自然放射線　89
自然放射線の量　90
シックハウス症候群　106, 121
シックビル症候群　121

疾病構造　10
自動応答機械　131
シフトワーカー　114
脂肪酸　60
社会環境整備　41
社会的意思決定　144
社会的時計　109
自由継続　109
主体主義　3
受動的喫煙　10
受動免疫　63
順応　25
消極的快　115
少子化　21
少子高齢化　21
情動焦点型対処　34
情動的不適応　131
情報ツール　126
食習慣の欧米化　105
食物アレルギー　105, 106
食物アレルギー保有者　105
食物連鎖　53
ショック　64
人為的放射線　89
新型インフルエンザ　8, 82
新型コロナウイルス　86
新興感染症　70, 71
人口動態　21
人獣共通感染症　69
腎症候性出血熱　70, 74
身心の健康　35
身心の消耗　129
心臓疾患　11
身体内部温度　25
身体のリズム　112
心理構造　34
森林の減少　15
森林面積　15
森林浴　116, 124

水禽　80
水質汚染　40
水質資源管理　37
推定原因　10
スギ花粉　104
ストレートネック　128
ストレス　31, 116, 117
ストレスコーピング　34
ストレス刺激　31
ストレス社会　17
ストレス受容　17
ストレス対処　33, 34
ストレスの誘因　17
ストレス反応　34

ストレッサー　31
ストレッサーの生体影響　33
生活環境項目　41
生活空間の気密化　105
生活習慣　112, 114
生活習慣病　9, 112
生活による汚染　41
生活排水　41
生活リズム　113
性感染症　7
精神的疲労　128
生態系リスク　53
生体リズム　108, 114
生物処理　42
生物多様性　15
生物濃縮　17, 53
生命にとっての水　36
世界保健機構　3, 10, 12
積極的快　115
ぜん息（気管支ぜん息）　103
繊毛細胞　59
繊毛虫症　72

相乗効果　47
即時型　101

た　行

ダイオキシン類　51, 52
体温　26
体温の調節　25
体温の日内変動　26
大気汚染　42, 43, 44, 136
大気中の二酸化炭素濃度変化
　146
代謝障害　31
代謝リズム　109, 113
体調不良　108
体内時計　109
体内負荷量　54
胎盤　63
体力主義　2
多剤耐性菌　9
ダニ　72

チェルノブイリ原発事故　93, 96, 97
地球温暖化　13, 136, 144
地球環境外交　16
地球白書　13
窒素酸化物　44
中皮腫　46

索　引

超自我（スーパーエゴ）　34
朝食の摂取　109
調節　23
調節・適応とその限界　29
調節・適応とその限界適応の負の作用　29
調節の局面　24

ツツガムシ病　72

定性的リスクアセスメント　55
定量的リスクアセスメント　55
適応　23
適応機構　34
適応性低体温　25
テクノ依存症　129
テクノ疎外　126, 131
テクノ不安症　130
デュープロセス　98
デングウイルス　78
デング熱　78
伝染病法　68
伝播　8

東海村 JCO 臨界事故　93
透過力　90
統合体　108, 109
糖新生　28
動的均衡状態　28, 31
糖尿病　12, 28, 112
銅の精錬　39
逃避行動　30
動物由来感染症　69
動脈硬化　31
鳥インフルエンザ H5N1 亜型　84
鳥インフルエンザ H7N9 亜型　85
鳥型インフルエンザ　84, 85
トリハロメタン　41, 42

な 行

内的要因　135
内分泌かく乱環境汚染化学物質　17
仲間はずれ　34
7 つの習慣　113

新潟水俣病　40
二酸化硫黄　44
二酸化炭素　146
西ナイル熱　71

日常刺激　23
日常生活におけるリスク　50
ニパウイルス　70
ニパウイルス感染症　77
日本紅斑熱　73
日本の水資源　37

熱ストレス　136
ネッタイシマカ　78
熱中症　14

ノイラミニダーゼ　80
脳血管疾患　11
能動免疫　63

は 行

バイオフィリア　123
胚の発生　24
胚への沈着　46
肺胞マクロファージ　59
白内障　93
発がん　32
発がん性物質　10, 122
発がん性物質の安全性　50
発生源対策　48
発熱　27
半減期　90, 91
ハンターラッセル症候群　39
ハンタウイルス　72
ハンタウイルス胚症候群　71, 75
晩発影響　92, 93

非活動的快　115
非感染性疾患　9
非自己　60, 61
非即時型　101
非即時型反応　103
ヒトスジシマカ　78
被曝（ひばく）　92
肥満　12
病毒性　8

ファブリキウス嚢　67
不安の行動要因　130
フィロウイルス　74
風景写真　120
不確実性　50, 139
複合汚染　104
福島第一原発事故　96
副腎皮質刺激ホルモン　29

副腎皮質ホルモン　110
福利リスク　53
不健康　2
ブタ　82
物理的時計　109
負に作用　111
浮遊粒子状物質　46
プレーリードッグ　72
プロモーション（促進要因）　32
フロン　16
分泌液型 IgA　65
分泌抗体　65

ベクレル（Bq）　91
ペスト類　72
ペニシリンショック　64
ヘムアグルチニン　80
ヘルス・ケア　3
ヘルスプロモーション　3, 4
変異ウイルス　8
ヘンドラウイルス　79

包括的健康観　3, 4
放射性元素の特性　90
放射性廃棄物の処置　97
放射性ヨウ素　94
放射線　89
放射線の遺伝的影響　95
放射線の種類　90
放射線の生体影響　92
放射能　89
放射能汚染　97
保湿作用　123
補体　61
北極海氷　147
母乳　53, 63
ホメオスタシス　24
ホルムアルデヒド　106, 122

ま 行

マールブルグ出血熱　73
マールブルグ病　70
マクロファージ　59, 62
マラリヤ　71
慢性的疾患　11

水の汚染　38
水の時代　37
水の循環　37
水の特異的性質　37
水の年間平均収支　38
未知の領域　14

水俣病　39
ミランコヴィッチサイクル　147

メタン　147
メチル水銀中毒　39
メディカル・ケア　3
免疫グロブリン　65
免疫システム　100
免疫担当細胞　60
免疫の獲得　62
メンタルヘルス　126
メンタルヘルスケア　17

問題焦点型対処　34
モントリオール議定書　16，139

や行

薬剤アレルギー　64
薬物依存　18
夜行性の動物　110
八代海の水俣病　39
やすらぎの人間工学　124

有害刺激　23
有機塩素化合物　16，17
有病者の人格　7
ユビキタス社会　131，132

四日市ぜんそく　44
予防原則　135，138，139，141
予防原則基本要素　141

予防原則の適用　140
四大公害　136

ら行

ライム病　73
ラジウム　89
ラッサ熱　71，74
ラット　72

リスク　50
リスクアセスメント　54，55，137
リスク移転　137
リスク回避　137
リスク管理　135，137
リスクコミュニケーション　54
リスク制御　137
リスク評価　50
リスクマネジメント　54
リスク要因　137
リズムの学習機構　111
リズムの集合体　108
リゾチーム　60
リッサウイルス　72
リッサウイルス感染症　79
量（濃度）－反応（影響）関係　55

労働災害認定者　46
ロンドンの大気汚染　43

iv型アレルギーの発症メカニズム　107
Ah レセプター　54
B 細胞　62
CD_{50}（半数けいれん量）　56
CDC 報告　9
CO_2 の寿命　147
comfort　115，116
DNA の損傷　95
EU の予防原則基本要素　139
E 型肝炎　72
H5N1　84
HA　80
HIV／AIDS　7
IgA　60，65
IgD　65
IgE　65
IgE 抗体　100，102
IgG　63，65
IgM　65
IPCC　13，144，145
LD_{50}（半数致死量）　56
PCB　17
pleasure　115，116
PM2.5　47
Real Climate　145
SARS　71
SPM　46
TWTW　144
T 細胞　62
VDT ワーク　126，127
VSD：実質安全用量　55
WHO　3，13

著者一覧

佐々木　胤則（編著）
元北海道教育大学教育科学研究科教授，学術博士

青井　陽（6, 7章）
元北海道教育大学教育科学研究科准教授，獣医師

三宅　晋司（11章）
産業医科大学名誉教授，学術博士

江本　匡（13章）
(株)エコニクス　戦略推進室主幹研究員，環境計量士，博士（環境科学）

山本　良一（14章）
東京都公立大学法人理事長，工学博士

変化する環境と健康（改訂版）

2007年10月30日　初版第1刷発行
2012年10月5日　初版第3刷発行
2016年2月15日　第2版第1刷発行
2025年3月20日　第2版第3刷発行

　　　　　　　　Ⓒ　編著者　佐々木　胤則
　　　　　　　　　　発行者　秀島　功
　　　　　　　　　　印刷者　渡辺　善広

発行所　**三共出版株式会社**　　郵便番号 101-0051
　　　　　　　　　　　　　　　　東京都千代田区神田神保町3の2
　　　　　　　　　　　　　　　　電話 03-3264-5711　FAX 03-3265-5149
　　　　　　　　　　　　　　　　https://www.sankyoshuppan.co.jp/

一般社団法人日本書籍出版協会・一般社団法人自然科学書協会・工学書協会　会員

Printed in Japan　　　　　　　　　　　　　印刷・製本　壮光舎

JCOPY　〈(社)出版者著作権管理機構 委託出版物〉

本書の無断複写は，著作権法上での例外を除き禁じられています．複写される場合は，そのつど事前に，(社)出版者著作権管理機構（電話 03-3513-6969, FAX 03-3513-6979, e-mail: info@jcopy.or.jp）の許諾を得てください．

ISBN 978-4-7827-0736-4